产品设计程序与方法

王星河 编著

华中科技大学出版社
http://www.hustp.com
中国·武汉

图书在版编目（CIP）数据

产品设计程序与方法 / 王星河编著.—武汉：华中科技大学出版社，2020.8

ISBN 978-7-5680-6111-7

Ⅰ.①产… Ⅱ.①王… Ⅲ.①产品设计－教材 Ⅳ.①TB472

中国版本图书馆 CIP 数据核字 (2020) 第 125803 号

产品设计程序与方法
Chanpin Sheji Chengxu Yu Fangfa

王星河 编著

出版发行：华中科技大学出版社（中国·武汉）	电话：(027) 81321913	
地　　址：武汉市东湖新技术开发区华工科技园	邮编：430223	

策划编辑：张淑梅	版式设计：河北优盛文化传播有限公司
责任编辑：张淑梅	责任监印：朱　玢

印　　刷：定州启航印刷有限公司
开　　本：710 mm × 1000 mm　1/16
印　　张：17
字　　数：205 千字
版　　次：2020 年 8 月第 1 版第 1 次印刷
定　　价：68.00 元

投稿邮箱：zhangsm@hustp.com
本书若有印装质量问题，请向出版社营销中心调换
全国免费服务热线：400-6679-118 竭诚为您服务

前　言

　　产品设计早已成为发达国家制造业竞争的核心动力之一，因其在制造服务业中的核心作用，各国普遍将其视为经济发展龙头。我国制造业与发达国家相比，在工业设计方面的资金投入是相当低的。随着国家对制造服务业的重视，我国制造业得到快速发展，有力推动了工业化和现代化进程。特别是2015年3月5日，李克强总理在全国两会上作《政府工作报告》时首次提出"中国制造2025"的宏大计划并在大会上审议通过的《中国制造2025》，是我国实施制造强国战略第一个十年的行动纲领。围绕实现制造强国的战略目标，《中国制造2025》明确了9项战略任务和重点，提出了8个方面的战略支撑和保障。

　　产品设计作为制造服务业的重要组成部分，是综合运用科技、艺术、经济等知识，对工业产品的外观、功能、结构、包装、品牌进行提升优化的集成创新活动。推动工业设计发展，对于企业提高自主创新能力，促进制造业与服务业融合，主动对接"中国制造2025"具有重要意义。

　　本书属于产品设计程序与方法方面的著作，全书分为五章。第1章是对工业产品设计的概述，使学习者对工业产品设计增加必要的认识和对设计者自身的基本要求；第2章阐述了工业产品设计程序，使学习者了解步入设计后的工作过程；第3章介绍了产品造型设计的基本原则，论述了工业产品造型设计中应遵循的基本原则，旨在指导学习者沿着科学正确的道路从事设计；第 4 章介绍了产品设计的现状与发展趋势；第 5 章运用产品设计案例，使学习者充分认识掌握构思方法和创意思维在设计中的重要作用。

  本书由黎明职业大学王星河老师编写，黎明职业大学汤仪平老师负责校对审核。由于编者水平有限，时间匆忙，本书存在的不足之处，恳请广大读者给予批评指正。

目　录

第5章 产品设计案例

第 1 章
概　述

　　工业设计是从 20 世纪初发展起来的一门独立的学科。1919
年包豪斯（Bauhuas）学院的建立，标志着现代工业设计基本观
念的诞生，包豪斯创造的教学与实践体系，对现代设计产生的影
响是非常深远的。它奠定了现代设计教育的结构基础，把对平面
和立体结构的研究、材料的研究、色彩的研究三方面独立起来，
使视觉教育第一次比较牢固地奠定在科学的基础上，而不仅仅是
依靠艺术家式设计师个人的感觉基础上。包豪斯同时还开始了采
用现代材料、以批量生产为目的、具有现代主义特征的工业产品
设计教育，奠定了现代主义的工业产品设计的基本面貌，也使包
豪斯的教学成为现代设计教育的典范。

　　包豪斯师生将现代设计由理想主义发展到现实主义，他们自
身也在包豪斯这个现代设计家的熔炉中锻炼成为杰出的建筑师
和产品设计师，成为现代建筑和产品设计的生力军。他们将重视
功能的包豪斯思想带到其他国家，在国际设计界产生了巨大的影
响，以至无论是在建筑设计、产品设计还是平面设计层面都出现
了一个新局面。从那以后，现代工业设计的观念在世界各地得以

传播和发展，并在现实生活中发挥了极大的作用。当今世界，那些富裕的、发达的、人民生活水平较高的国家，无不重视工业设计，因为工业设计的目的是为了使人们的生活更加便利、高效和清洁，为人们创造一个美的生活环境，向人们提供一个新的生活模式。

设计师们用一件件在使用方式、功能特点、视觉感受上全新的产品，将人类从传统的方式中解脱出来：高速、舒适的现代化交通工具，方便、轻捷的办公信息终端，干净、整洁的电气化厨具，精密、安全的高级医疗设备，奇妙、刺激的娱乐用品，便于携带的旅行用品，科学合理的教学设备，声色优美的音响组合，图像清晰的影视器材，等等，使人类在工作、学习、饮食、娱乐、旅行、保健等各个方面都进入了一个高水平的现代化生活时期。这一切，虽然都源于科学技术的重大发明，但其背后都有一个工业设计的蓝图。

美国工业设计协会：工业设计是一项专门的服务性工作，为使用者和生产者双方的利益而对产品和产品系列的外形、功能和使用价值进行优选。

国际工业设计协会理事会：就批量生产的工业产品而言，凭借训练、技术知识、经验、视觉及心理感受，而赋予产品材料、结构、构造、形态、色彩、表面加工、装饰以新的品质和规格。

Industrial design 有时被直译为"工业设计"，在日本、韩国被翻译为"产业设计"。可能由于理解比较全面、深入，工业设计在日本、韩国发展得比较顺利。

2015 年国际设计组织对工业设计做出如下的定义：（工业）设计旨在引导创新、促发商业成功及提供更好质量的生活，是一种将策略性解决问题的过程应用于产品、系统、服务及体验的设计活动。它是一种跨学科的专业，将创新、技术、商业、研究及消费者紧密联系在一起，共同进行创造性活动，并将需解决的问题、提出的解决方案进行可视化，重新解构问题，并将其作为建立更好的产品、系统、服务、体验或商业网络的机会，提供新的价值以及竞争优势。（工业）设计是通过其输出物对社会、经济、环境及伦理方面问题予以回应，旨在创造一个更好的世界。

2017年世界设计组织对工业设计的最新定义：工业设计是驱动创新、成就商业成功的战略性解决问题的过程，通过创新性的产品、系统、服务和体验创造更美好的生活品质。

由此可见，工业设计的定义，其内涵和外延都是极具伸缩性的，在不同的国家定义也不完全相同。它可以有广义和狭义的理解：广义的工业设计几乎包括我们所指的"设计"的全部内容，所以有人干脆以"工业设计"代替整体的"设计"概念；一般理解的，即狭义的工业设计，是指对所有的工业产品进行设计，其核心是对工业产品的功能、材料、构造、形态、色彩、表面处理、装饰诸要素从社会的、经济的、技术的、审美的角度进行综合处理（图1-1）。它是人类科学性、经济性、社会性有机统一的创造性活动。所以它是复杂的，也是多变的。复杂的是工业设计几乎涵盖了所有的学科门类；多变的是工业设计随地域的不同而有所区别，随时间的推移而有所改变。在"大数据""互联网"时代，产业结构、经济结构和生产关系急剧变化，新的社会服务形态也正在生成。在这种未来"国际战略布局"和"社会形态"的背景下，应将设计理解为设计新产业的"产业设计"，以"分享型服务设计"的创新理念迎接"分享型服务经济"社会创新的挑战。

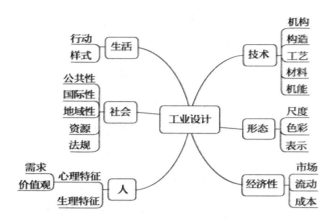

图 1-1　工业设计相关因素

　　我们可以看出，工业设计涉及的内容是十分广泛的。但一般来讲，大多分成视觉传达设计、产品设计、环境设计，或根据维度分成二维、三维、四维设计等。

　　我国的工业设计形成于 20 世纪 70 年代末，在 80 年代经过缓慢的发展，至 90 年代才由于市场竞争的激烈而得以全面迅速发展。从屈指可数的几个学校开设工业设计专业到全国逾 400 所高校相继开设工业设计专业，从每年几百个毕业生到上万个毕业生，工业设计步入了可喜的成熟发展阶段。从各大高校毕业的设计师全面渗透于各个行业，并发挥着越来越重要的作用。

　　我国对工业设计的理解基于上述定义，但也有所不同，主要体现在对工业设计行业分类上的不同，从工业设计教育层面上来看，主要包括产品设计、视觉传达设计、室内外环境艺术设计、装饰设计、服装纺织品设计等范畴。

1.1
产品设计基本概念

1.1.1　产品设计定义

　　"产品"一词，在《现代汉语词典》中的解释为"生产出来的物品"。它是指能够提供给市场，被人们使用和消费，并能满足人们某种需求的东西，包括有形的物品与无形的服务、组织、观念或它们的组合。"产品"被认为是"一组将输入转化为输出的相互关联或相互作用的活动"的结果，即"过程"的结果。在经济领域中，通常也可理解为组织制造的任何制品或制品的组合。

　　由此，我们可以将产品定义为：向市场提供的，引起注意、获取、使用或者消费，用以满足欲望或需要的任何东西。其中，产品的狭义概念可以被理解成被生产出的物品，产品的广义概念则是可以满足人们需求的载体。产品的"整体概念"——人们向市场提供的能满足消费者或用户某种需求的任何有形物品和无形服务。

　　社会需要是不断变化的，因此，产品的品种、规格、款式也会相应地改变。新产品的不断出现，产品质量的不断提高，产品数量的不断增加，是现代社会经济发展的显著特点。当然，消费者购买的不只是产品的实体，还包括产品的核心利益（即向消费者提供的基本效用和利益）。产品的实体称为一般产品，即产品的基本形式只有依附于产品实体，产品的核心利益才能实现。期望产品是消费者采购产品时期望获得的一系列属性和条件。附加产品是产品的第四层次，即产品包含的附加服务和利益。产品的第五层次是潜在产品，潜在产品预示着该产品最终可能的所有增加和改变。

产品设计是一门综合性的边缘交叉学科，工业设计的核心。

产品设计，可以理解为一个创造性的综合信息处理过程，通过多种元素（如线条、符号、数字、色彩等）的组合把产品的形状以平面或立体的形式展现出来。它将人的某种目的或需要转换为一个具体的物理形式或工具的过程，把一种计划、规划设想、问题解决的方法，通过具体的操作，以理想的形式表达出来。它实现了将原料的形态改变为更有价值的形态。

产品设计师基于对人的生理、心理、生活习惯等一切关于人的自然属性和社会属性的认知，进行产品的功能、性能、形式、价格、使用环境的定位，结合材料、技术、工艺、形态、色彩、表面处理、装饰、成本等要素，从社会的、经济的、技术的角度进行创意设计（图1-2），在企业生产管理中保证设计质量实现的前提下，使产品既是企业的产品、市场中的商品，又是消费者的用品，达到顾客需求和企业效益的完美统一。

从上述内容来看，产品设计首先表明了其创造性质和意义，其次注重产品的内部结构、功能与外观形态的统一，再次则是从人的需求出发，即从"实用、经济、美观"的基本原则出发，以造物的实用功能或实用价值的实现为基点，运用科学技术和大工业生产的条件，达到为人所用的目的。将产品设计的目的从产品转移到人的需求上，而设计是人为实现自身需求目的使用的手段和途径，人是设计的根本和出发点。因此，产品设计师的工作首先是与社会价值相联系，与人的需求相联系，而非与物质相联系。

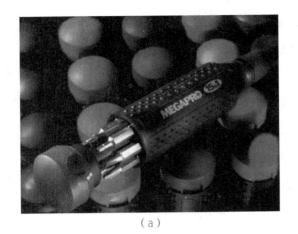

（a）

（b）

图 1-2　工业设计作品

（a）格莱格·克瑞甘设计，注塑 ABS 和尼龙材料，1996 年设计与制造；
（b）1996 年出品，聚丙烯材料制成，菲利普·斯塔克设计，Kartell 公司生产

随着工业对全球自然环境的影响日趋显现，人与环境的共
生关系也成为人们关注的重点话题，产品设计的定义也得到更
为广泛的延伸。就设计的本质而言，并不能形成一个永恒不
变的固定形式或一成不变的定义，因此与社会时代的进步和

科技的发展紧密相连，保持与时俱进的态度和追求创新的觉悟是产品设计发展的重要保障。

1.1.2 产品设计内涵

产品设计是工业设计的核心内容。

所谓产品，是指人类生产制造的物质财富，它是由一定物质材料以一定结构形式结合而成的，具有相应功能的客观实体，是人造物，而非自然形成的物质，也不是抽象的精神世界。

所谓造型的概念不是单纯的外形设计，而是更为广泛的设计与创造活动，它不仅包括产品形态的艺术性设计，而且包括与实现产品形态及实现产品规定功能有关的材料、结构、构造、工艺等方面的技术性设计。在整个设计过程中，产品形态、结构、材料、工艺与使用功能的统一，与人的心理、生理相协调，将始终是其研究和解决的主要内容。

综上所述，产品设计是工程技术与美学艺术相结合的一种现代设计方法。它不同于传统的工程设计，因为它在充分考虑产品结构性能指标的同时，还需充分考虑产品与社会、产品与人的生理和心理相关的文化要素；它不同于一般的艺术设计，因为它在强调产品形态艺术性的同时，还必须强调产品形态与功能以及产品形态与材料、结构、工艺相统一而产生的实用价值。所以，产品设计是一门综合性学科，是现代工业、现代科技和现代文化发展到一定阶段的必然产物。

产品设计源于社会的物质生产，是与人们的生产、生活密切相关的。从原始的器物造型到现代工业产品的造型，人们都是按照不同时期的技术条件、生活水平和审美观念创造各类不同的生产、生活用品。在原始社会，由于生活水平的低下，生产技术的限制，人们仅靠在岩石和骨头上传递着信息和延续着文化，器物的设计与制作也以维持生存为主要目的，所以那时的器物大都比较简陋、粗糙。随着人类文明程度及技术水平的提高，以及纸张的发明与应用，人类才在满足生存的基础上逐渐在器物中加入了装饰性设计。在现代化工业社会里，随着社会物质生活和文化生活水平的不断提高，人们对产品的这些要求也越来越高，无论是结构性能所表现的实用性，还是外观形态所表现的艺术性，都是衡量产品价值的主要方面。今天，工业产品已经深入到人们生活、工作、生产、劳动的每个角落。从家庭日用品、家用电器、服装、家具到各类生产设备、仪器仪表、办公用品，以及公共环境中的各类交通工具、公共设施等，都涉及产品设计。所以产品设计具有非常广泛的社会性，它直接影响和决定人类生活、生产方式，是人类社会生活中不可或缺的重要组成部分。另外，近年来计算机应用的普及，将再一次引发人类社会全方位的变革，随着人类社会进入新的发展时期，产品设计将在计算机的带动下，以"为人类创造美好生活"为目的，在各个领域中为人类生活、生产开创新的局面。

1.2
产品设计要素解析

工业设计把研究对象的产品当作一个系统，运用技术和艺术的手段进行创造、构思、设计，并使一个系统转换变为连贯统一的和谐整体。实践证明，产品存在的基本条件或系统的组成要素为：功能、物质技术条件、造型形态。这三者相互关联和彼此作用，其中矛盾的主要方面是功能。功能是目的，物质技术条件是基础，造型形态是手段，由此构成系统与要素的对立统一。

首先，因为产品是供人使用的，所以功能是第一位的，是整个设计中的主导因素，对产品的形态具有决定性的影响。功能与造型形态有着不可分割的密切联系。

在大工业背景下的工业设计的基本概念概括起来就是"Form Follows Function"，即"形式追随功能"，或者可以理解为"造型机能"。该理论最早是由19世纪八九十年代的芝加哥学派建筑师路易斯·沙利文提出的，后来成为诸多建筑设计的基础理论，并直接开启了现代主义或理性主义设计时代的序幕。"形式追随功能"尽管是建筑界功能论者的代表论调，但长期以来对产品设计也产生了极大的影响。该理论的核心意思，就是功能决定形式，功能是一切设计所要考虑的首要问题。"形式追随功能"在人类现代设计发展近一个世纪的历程中，功能主义始终作为一条主线贯穿其中。功能主义设计哲理至今依然是产品设计的主流。包豪斯的原则也沿袭了这一观点，即任何一件东西，都因其功能的不同而有不同的形态。

产品设计发展到今天，其目的也不能因单纯追求功能是"第一位"的而使产品外观充满冷漠感和失去人情味，变得没有个人特色和失去不同文化的共生关系，造成设计上的千篇一律。赖特（Wright）是早期独立实现功能学说的大师，他强调：产品设计一方面应重视人类的需求与感情的因素；另一方面，应重视人与自然的和谐关系，在形态与功能并重的创作中，形态要引起精神的舒适、愉悦的心理，同时造型必须体现功能，有助于功能的发挥而不是阻碍。如果只重视功能而无视于形态的塑造，必然将产生机械的功能主义弊病；如果只讲求形式的表现，而无视功能的需求，则将造成虚伪的形式主义。功能与形式必须互为表里，密切结合，使造型更加完美。

在任何意识的造型表现中，功能是判定其价值的根本。当然，随着时代的发展，功能的含义也更为宽泛。我们对功能的理解，应该包含以下三种基本形态：

（1）物理功能（Physical Function）。

它是针对构成形态的有关材料、结构等因素而言的，不同的材料有着不同的结构，因而塑造的形态也不同，如果不考虑物理功能，形态将很难塑造成功。例如，我们要做一把椅子，首先要考虑用什么材料、采取什么加工工艺，从而塑造什么样的形态，来实现椅子"坐"的功能（图1-3）。

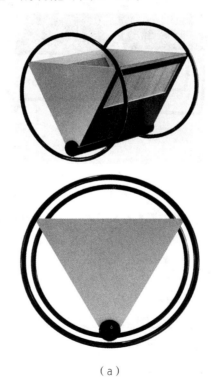

（a）

图1-3 物理功能

（b）

图1-3（续）　物理功能

（a）彼得·凯勒作品，用方圆角搭配三原色设计了这个婴儿摇篮，首次在
1923年艾姆·霍恩住宅中展出；（b）密斯作品，在1929—1930年与莉莉·瑞
希合作设计的布尔诺椅

（2）生理功能（Physiological Function）。

它是指构成形态与使用上的舒适及应用功能等所涉条件的
发挥。因为产品是为人所使用的，如果人在使用过程中感觉不
舒服，那产品的设计就彻底失败了。例如，一把椅子的形态再
好看，如果人坐上去很不舒服，那么这把椅子再好看又有何

用？因此，设计时必须考虑人体工学的要求，以达到安全、舒适、方便的多重效果（图1-4）。

（a）

（b）

图1-4 生理功能

（a）玛丽安娜·布兰特作品，在1924年设计的过滤茶壶，外形是几何元素的组合，极具雕塑感；（b）约瑟夫·波尔作品，在1929年设计的可移动矩形衣柜，结构紧凑省空间，被称为"单身汉衣橱"

（3）心理功能（Psychological Function）。

它是指该形态的视觉美感效果。产品设计师是创造美的形态的责任者，所塑造的形态当然要对人类的精神方面产生积极的效果，因此，利用美学原理塑造美的形态是设计师的工作（图1-5）。

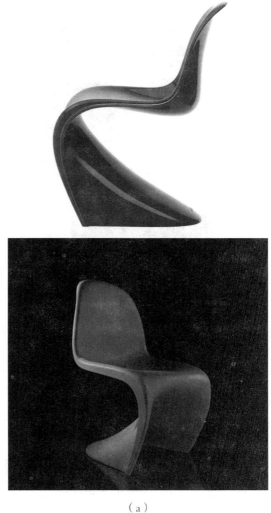

（a）

图 1-5　心理功能

（b）

图 1-5（续）　心理功能

（a）维尔纳·潘顿作品，运用强化聚酯的塑料，在 1968 年设计的"美人椅"；

（b）约瑟夫·哈特维希作品，在 1924 年设计的包豪斯国际象棋

　　功能决定"原则形象"，内容决定"原则形式"，这是现代设计的一个基本原理。任何时候，设计师都要了解自己设计的产品的功能所包含的内容，并使造型适应它，表现它。但是，形态本身也是一种能动因素，具有相对的独立价值，它在一定的条件下对促进产品功能的改善会起到催化剂的作用。

　　其次，结构、材料、各种工艺为艺术造型的实现提供必需的物质技术条件。

　　物质技术条件既是实现产品功能和造型的客观物质基础，又

是塑造产品形象的"语言"。它给产品造型以制约，同时又给它以推动作用。没有适当的构造，形态就无法搭建起来。例如，一把椅子，如果没有适当的支撑材料和结构，那么也无法实现"坐"的功能，它的形态也仅留下虚伪的空壳。当然，形态与构造并不是天然就吻合一致的，所以，在造型设计中必须合二为一。这就要求设计师必须把两者有机地统一为一个整体（图1-6）。

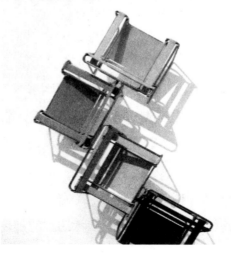

（a）

图1-6 物质功能

（b）

图1-6（续） 物质功能

（a）马塞尔·布鲁尔作品，在1925—1926年设计的瓦西里椅；（b）约瑟夫·阿尔伯斯作品，在1927年设计的嵌套桌，每张桌子由实心橡木与漆面玻璃制成

　　结构也受到材料和工艺的制约，不同材料与加工工艺能实现的结构方式也不一样。所谓材料，是造型工作所借助的某些物质。材料是造型活动开始所预定的，也是造型活动完成后自然留下来的，只不过已经不是材料本身的形态而是转化成的新的造型物。尽管设计的造型美通过形、色、质三大因素给予观赏者以感

情影响，然而，任何造型的形、色、质实际上都是依附于材料和工艺技术，并通过工艺技术体现出来的。不同的材料与加工技术会在视觉和触觉上给人以不同的感觉。由于材料的配置、组织和加工方法的不同，造型产生不同的质感，如轻、重、硬、软、冷、暖、透明、磨砂、反射等不同的形象感。因此，材料的加工工艺和表面处理工艺的应用，不仅丰富了造型的艺术效果，而且成为造型质量的重要标志。丹麦设计家克林特（Klint）说："选择正确的材料，采用正确的方法处理材料，才能塑造逼真的美。"

充分利用现代工业技术提供的条件，充分发挥材料和加工技术的优势，可以使产品造型的自由度和完整性增加，给产品带来多样化的风格和情趣。物质技术条件也要为产品的功能服务，如果不顾功能是否需要而一味地堆砌材料，必然会破坏产品的整体协调性。

除上述观点外，从某种意义上来看，产品设计中涉及的文化即人性化。而作为一种形式文化的设计，以产品设计为核心任务的工业设计又相继受制于四类人的作用：消费者的需求，企业的条件，设计者的风格水平以及管理者的决策。各类人的思维与关心的问题各不相同且相互冲突，这也形成了影响产品设计的四个基本要素，我们在此针对各个要素分别进行探讨。

1. 消费者的需求

产品的消费者，包括购买者和使用者。他们的需求是产品存在的基石。在现实生活中，每一个人都处在一个特定的时代、一个特定的自然和人文环境之中，他们的分类取决于所拥有的社会经济地位和不同的文化熏陶，这也同时决定了各自的社会需求，从而构成了独特而丰富的集群需求。设计的人本主义根源即在于此。这也是产品设计的属性之一。随着经济的不断发展和物质文化水平的不断提高，人类的生活越来越趋于多样化。这样的生活需求，决定了企业必须从消费者文化品位的角度进行多层次划分。第一层级的划分是为了圈定企业的目标人群；第二层级的划分是为了解决产品的项目品牌问题；其后的层级是为了解决每一个产品项目中的产品组合问题。而决定这些问题的依据就在于企业对消费者生活文化品位的逐级研究，需要依据现实的情况来区分有效的目标群，然后研究群体形成的根本原因，从他们的文化背景、生活经历、经济状况和当前的社会角色扮演中寻找存在的问题和需求，从他们的视角去寻找产品的设计问题，最终用产品来营造他们的个性文化生活。消费者的认同是产品设计成功的最根本决定因素。

2. 企业的条件

现实中从来就没有一般意义上的产品设计，其商业属性已先天决定了设计的企业归属，其首先体现了企业的意志。企业存在的目的是赚钱，也正因为它赚钱，所以才会有更多的人进入这一领域。竞争也因此成为一种生存手段。消费者为什么会选择某一企业的产品，有时不仅是因为该产品能满足其使用要求，还在于相较于其他竞争者，它是独特的。这种独特不仅体现了企业对消费者生活观念的一种独特理解，还体现了企业对自身与竞争者差别化的一种角色定位。这种产品观念往往在证明成功之后，会被企业长期保持下去。这符合文化的积淀与传承。因此，企业的产品设计才会鲜活、具体而独特。这是产品设计的属性之二。

3. 设计者的风格水平

不同的设计者意味着不同的设计结果，这是产品设计的属性之三。设计者的修行、学问和对事物的理解，同样决定了最终的结果。企业的选择必然首先来自设计者的选择，毫不夸张地说，在选择设计者的同时，就已经选择了设计的最终结果，因而设计者的选择则理所当然成为设计管理尤为重要的一个关键环节。合适的设计师应该符合企业的文化品位要求。也就是说，设计师对企业的目标文化圈应该有较深入的认知。当然从现实手段来讲，设计师对材料、工艺的偏好也可以成为被选择的一个依据。

4. 管理者的决策

企业产品获得成功的关键还在于：由谁来选择设计者和为决策者认可最终结果提供可行的方案；由谁来引导设计者快速而有针对性地认识企业并步入企业的设计角色；由谁来根据企业的大政方针确定企业的设计战略，从而确保设计的企业属性不被混淆。简单而言，管理者须在充分理解企业所处时代、地域和行业特征的前提下，立足于企业自身先天和后天优劣的基础上，从企业的既定战略层面，确定符合企业特性的设计战略，进而选择合理的设计策略；然后，在此基础上选择合适的设计师，构建合理而有效的设计机制，最大限度地整合企业内外设计资源，并适时调整设计的资源组合，满足和加速企业的发展需求（图1-7）。

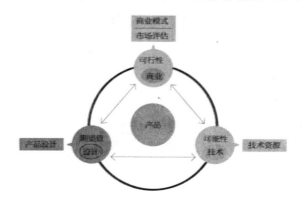

图1-7 拉里·基利的产品开发三要素模型，产品开发设计的三
要素：可行性、可能性和期望值

1.3
产品设计师的基本素质

由于产品设计是一门综合性的边缘交叉学科，是工业设计的核心，而产品设计师的工作主要是解决人与物的关系问题，因此，它直接涉及多方面的知识。这是一个范围很广的问题，由于产品设计师的教育背景、知识结构等因素而呈现出比较复杂的状况。就一般而言，在工业的各个领域中，产品设计师都是有所侧重的，这样所从事的设计工作就容易做得比较深入。但无论你从事什么具体工作，作为产品设计师，有一些基本素质还是应该必须具备的。

国际工业设计协会联合会对工业设计师的定义："工业设计师是受过专门的设计训练，具有技术知识、经验和鉴赏能力的人；他能决定工业生产过程中产品的材料、结构、机构、形状、色彩和表面修饰等。设计师可能还要具备解决包装、广告、展览和市场等问题的技术知识和经验"。一名优秀的工业设计师应具备一些什么样的素质呢？

首先，我们来看一名工业设计师所应具备的基本素质。

工业设计被称为"技术与艺术的统一"。作为工业设计科学技术性的一面，它涉及自然科学和社会科学的众多的学科领域，包括材料学、数学、仿生学、生理学、光学、色彩学、声学、人体工程学以及工艺学、环境工程学、信息工程学、哲学、技术经济学、市场学、心理学、价值工程学、系统工程学、生态学等；作为工业设计艺术性的一面，它又涉及美学、技术美学、审美心理学、符号学、技术学特别是技术艺术的理论等。上述所有学科都在工业设计中起着各自的作用，而工业设计则是综合上述学科来创造功能与审美外观统一的创造性的活动。

理论上讲，工业设计师的知识结构属于通才型。他们的知识范围往往涉及自然科学、社会科学和人文科学各个领域，将不同的学科知识有机地组织起来，才能具有处理设计中各种复杂因素的综合能力。但人掌握知识的能力总是有限的，不可能在每一个领域都成为专家。工业设计师的知识由于涉及面广，对许多学科知识的掌握不可能深，只是对许多学科的应用性质有所了解，而以对"问题"的观察能力、综合比较能力、系统处理问题的能力见长，但工业设计师还必须善于与不同学科的专家携手合作、讨论。优秀的设计师应有合理的知识结构和扩延知识的能力以及善于合作的能力，最终要能够适度、适时、适场合地表达对问题的理解、限定、处理、组织、评价。这就需要有良好的技术背景和艺术背景，需要广博的知识，需要良好的理解力和悟性，这样才能适应多变的工作环境，培养良好的判断力。想做一个优秀的工业设计师，就需要有敏锐的观察力，善于发现问题，善于创造性地解决问题。设计师需要的不是死的知识，而是多学科的文化素养、合理的知识结构。

国外对设计师知识结构做了这样的测定 [①]：

30% 的科学家——要了解科学技术的发展；

30% 的艺术家——要有好的审美能力；

10% 的诗人——要有创造的激情；

10% 的商人——要了解商业的需要；

---

① 王俊涛，肖慧. 产品设计程序与方法 [M]. 北京：中国铁道出版社，2015.

10% 的事业家——要把设计当作一生的事业；

10% 的推销员——要了解用户的心理和需要。

这是对设计师很高的要求。实际上，设计师的一生都需要不断地学习。设计师必须活到老，学到老，因此还要具备很好的自学能力。

其次，我们来看一名工业设计师所应具备的基本技能。

在产品设计过程中，设计师的技能和素养同样重要。没有基本的设计技能，设计师就无法将头脑中的构思转化为实际的产品。包豪斯学校创办人瓦尔特·格罗皮乌斯（Walter Gropius）曾经这样说过："任何创造性活动的最终目标是构筑……建筑师、雕塑师、画家都必须再次成为手工艺工匠……在艺术家和手工艺工匠之间并没有根本的区别。艺术家是一个具有更高层意识的手工艺工匠……但一个手工艺工匠的基本技能对于各种艺术家来讲却是不可缺少的，它是各种创造性工作的重要源泉。"

1998 年 9 月澳大利亚工业设计顾问委员会就堪培拉大学工业设计系进行的一项调查指出，工业设计专业毕业生应具备 10 项技能：

①应有优秀的草图和徒手作画的能力。作为设计者，下笔应快而流畅，而不是缓慢迟滞。这里并不要求精细地描画，但迅速地勾出轮廓并稍事渲染是必要的。关键是要快而不拘谨（图 1-8）。

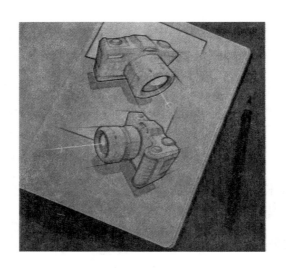

图 1-8　德国的工业设计师马里乌斯·金德勒（Marius Kindler）草图作品

②有很好的制作模型的技术。能用泡沫塑料、石膏、树脂、MDF 板等塑形，并了解用 SLA、SLS、LOM、硅胶等快速制作模型的技巧（图 1-9）。

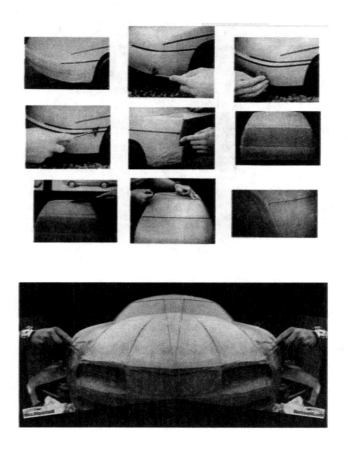

图1-9 工业设计师在制作1∶5油泥模型

③必须掌握一种矢量绘图软件（如FREEHAND、ILLUS-TRATOR）和一种像素绘图软件（如PHOTOSHOP、PHOTO-STYLER）（图1-10）。

图 1-10　矢量绘图软件 FREEHAND

　　④至少能够使用一种三维造型软件，高级一些的如 PRO/E、ALIAS、CATIA、I-DEAS，或层次较低些的如 SOUDWORKS98、FORM-Z、RHINO3D、3D STUDIO MAX 等（图 1-11）。

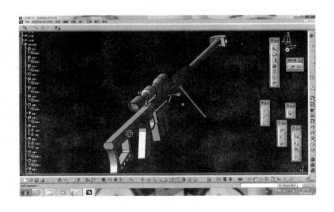

图 1-11　三维造型软件 PRO/E

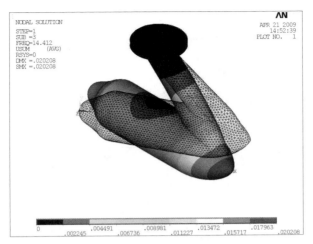

图1-11（续）　三维造型软件PRO/E

⑤二维绘图方面使用AUTOCAD或MICROSTATION和VELLUM。

⑥能够独当一面，具有优秀的表达能力及与人交往的技巧

（能站在客户的角度看待问题和理解概念），具备写作设计报告的能力（对设计细节进行探讨并记录设计方案的决策过程）。有制造业方面的工作经验则更好。

⑦在形态方面具有很好的鉴赏力，对正负空间的架构有敏锐的感受能力。

⑧拿出的设计图样从流畅的草图到细致的刻画再到三维渲染一应俱全。至少具有细节完备、公差尺寸精细的图稿和制作精良的模型照片。仅仅几张轮廓图是不够的！

⑨对产品从设计制造到走向市场的全过程应有足够的了解，如果能在工业制造技术方面懂得更多则更好。

⑩在设计流程的时间安排上要尽量精确。三维渲染、制模、精细图样的绘制等应规定明确的时段。要知道，雇主聘用专业设计人员是为了尽快地赚到钱！

当然，一个设计师的素养和技能同样重要，就像你的左膀右臂，很难分清孰轻孰重。但实际上，重技能而轻素养的情况经常存在，设计公司在招聘中也往往过分强调技能而忽视设计师的个人素质，这是一种急功近利的行为。其实，对大多数人而言，只要花费一定的时间，掌握某项技能往往并不难。但是，设计技能并不等同于设计，会用某种造型软件并不意味着会做工业设计。知识面狭窄、个人素质较差的人往往工作一段时间后就会感觉思想枯竭、力不从心。如果你忽视自己各方面素质的培养，你就会很快成为无源之水，因为良好的个人素质和知识结构是你设计创造力源源不断的鲜活的源头。

另外，我们着重说一下工业设计师必备的几种能力：

1. 造型能力

美术是培养造型能力的最好方法。工业设计专业用结构素描取代传统美术专业的素描课，就是为了重点突出造型能力的训练。对设计师来讲，美术训练的一大任务就是培养造型能力。在结构素描中，比技巧和调子更为重要的是画面的空间、结构布局的处理能力。三大构成（平面构成、色彩构成、立体构成）等基础课程就是训练造型能力的重要途径。

包豪斯的基础课都由一流的画家（如伊顿、纳吉、康定斯基等）担任，他们非常注重在基础课中创造性地培养学生的造型能力。伊顿强调"体验—感受—实验能力"的原则，他让学生用手感觉接触木材、树皮、玻璃、铁丝、煤等，去观察体验它们的材料特性，去探索它们的可塑造性和应用，然后凭记忆去表现。他要求学生在绘画中要掌握物体的表面外观，表达时要反映物体的本质（功能、表面纹理），从有形，到无形，再到自由绘画，最后逐步到抽象。他给学生们分析大师作品的引导光线、组成结构、画面秩序、各区域的分配，以及节奏感和肌理感等，讨论形体、节奏和色彩的规律，把教学从技巧的模仿变为艺术规律的感性与理性的体验和认识，从根本上理顺了基础教学和专业教学的关系，即以视觉艺术的基本现象和基本规律的认识作为基础教学，然后过渡到对特定专业的各种艺术技巧、规律的把握。

2. 创造能力

设计是一种创造性的活动。设计课程都把创造能力的培养作为最高目的。在包豪斯，约翰·伊顿极为重视培养学生的创造力（图1-12）。伊顿认为，"把一个富有个性的学生塑造成具有全面而完整的创造能力的人，是设计教育的根本性的问题""教育是一种大胆的探险，特别是艺术教育更是如此，因为它涉及人的创造精神"。在教学方法上，他主张"学生的想象和创造能力应当首先被解放和加强。一旦成功地做到这一点后，技术实践方面的要求，以及最终经济上的考虑因素才被引入到设计创作过程"。

（a）

（b）

图 1-12　包豪斯学生作品

（a）MT8 镀铬钢管台灯，1923 年，威廉·华根菲尔德设计；（b）金属茶壶，
1924 年，玛丽安娜·布兰特设计

伊顿甚至在教学中引入东方式的冥思玄想、禅的训练方法，他说："训练身体，使之成为供大脑驱使的工具，对一个具有创造力的人来讲是极其重要的。如果人的手和臂不能自由地伸展，他的手怎么能表现出一条线的不同性格呢？"

设计永远在变，创造性却是工业设计永远不变的原则。创造性也是设计与艺术的相通之处。关于工业设计有许许多多的争论，但是创造性的重要性几乎得到所有争论各方的公认。如德国和美国的设计思想仍然认为设计需要的是创造性，如果有创造性，设计可以不用艺术。他们认为设计思想的主要来源是文化、劳动学、心理学和社会学。

3. 动手能力

动手能力是设计师非常重要的能力，也是我国多数地区设计教育有些欠缺的地方。而在我国台湾地区的一些设计学校，学生入学后完全抛开了传统的素描与色彩训练，而造型训练通过其他方式得以培养各种能力，比如直接的动手能力，效果相当不错。这种训练最大的优势在于学生可以增强对三维空间的感觉，增强对三维形体真实的体验，学生在制作过程中更能够直接感受到三维产品的空间和结果，而产品涉及更多的是三维空间、材料、工艺、使用状况、存在环境等等，这些因素决定了使用者对产品的感受和评价。动手能力的培养可以避免这样的情况——有时可能绘出一幅很好的效果图，但产品实际生产出来以后效果却往往大相径庭。

在包豪斯学校里，除了基础课程外，还设立了一个学期的课程，学生在学校的工作室里学习各种手工制作技能，如刨、锉、锯、胶合和焊接等，同时为今后和工业有关的职业做准备，使他们更有把握地选择自己的工作。在这方面，材质和肌理的作业练习，可以很好地帮助学生。每个学生可以很快地发现他感到最有亲近感的材料，它们也许是木材、金属、玻璃、石块、泥土或纺织品，其中某一种材料会激发他最大的创造力。

4.市场营销与研究

尽管市场不是工业设计的最终目的，但是以优良的产品设计增加销售，是绝大部分企业投资于设计的重要原因。产品从工厂走向市场，就变为一种商品。因此，了解市场，了解消费者心理对于设计师来说是一件极为重要的事。一个有经验的设计师就像一只嗅觉敏锐的猎犬，能够准确地预测市场的走向，了解市场流行趋势，准确地揣摩消费者的心理，从而在产品设计中通过造型语言巧妙地表达出来，增加产品的销售。这是一个设计师在工作中长期锻炼出来的难于被模仿和抄袭的直觉。

Apple 公司的 iMac 彩色透明系列个人电脑的成功就是依靠设计师个人的天才直觉和对消费者心理的准确揣摩。设计师敏锐地预测和感受到消费者对传统灰色、冷漠的电脑形象的厌倦，以及对时尚、可爱、亲近人的高科技产品的渴望，通过 iMac 的造型、材料、色彩、广告、营销等把产品的概念传达给消费者。虽然一台彩色 iMac 比普通的 PC 机贵了近 500 美金，但喜欢时尚的消费者，仍然会毫不犹豫地选择 iMac（图 1-13）。

了解市场就是了解消费者的需要，所以心理学方面的知识是必不可少的。美国心理学家马斯洛把人的需求分为 7 个层次：生理的需求、安全的需求、归属的需求、尊严的需求、认知的需求、审美的需求和自我实现的需求。对于产品设计而言，如果能够提升用户对于产品的需求层次，就能够增加产品的附加值。

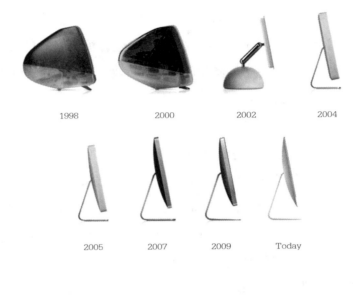

图 1-13 iMac 进化图

5. 了解相关历史

（1）了解工业设计史。

了解一个学科的发展史是了解这门学科的最直接的办法。对于工业设计更是这样。从工业设计的发展史中，你可以了解到为什么会产生对工业设计的需要。只有进入具体的历史背景中，你才可以理解为什么会产生那么多形形色色、相互矛盾的设计观念，了解工业设计思想如何从幼稚走向成熟，如何从单纯依附于艺术或技术到走向独立。

你可以认识许多设计大师，了解他们的设计作品和设计思想。你也许会发现自己崇拜的设计英雄人物，作为你设计历程里的精神指引，他将一直伴随着你。你也可以了解到不同的国家有着不同的设计发展之路，有不同的设计哲学，这与各个国家的政治、历史、经济、文化等紧密相连。你可以看到保守的英国人如何从首先进入工业革命，第一个建立设计学校，到实际衰落，再向德国人学习，重新振兴设计；你可以看到严肃谨慎的德国人如何顽固地坚持自己的功能主义设计思想；你可以看到精明的美国人如何吸纳了世界各地大批优秀的设计大师和设计教育家来发展自己的设计；你还可以看到机智的日本人如何从模仿、抄袭美国的设计到确立自己的设计大国地位。

读史的目的是鉴今。读设计史可以把自己放在历史的长河中思考，发现纠缠自己很久的问题早已在历史中发生过。你可以从设计中获得对自己有益的启发和帮助，发现个人只不过是历史的延续而已。你在不同的阶段重读设计史，会有完全不同的感受，也会悟到不同的东西。

（2）了解艺术发展史。

许多国家的工业设计专业（特别是研究生教育）都开设了艺术发展史或现代艺术史的课程。设计与艺术尤其是现代艺术的关系非常紧密。现代艺术与工业现代化紧密相关，现代艺术的思想观念和设计有许多相通之处。狭义上的现代艺术和建筑主要是指20世纪以来跳出模仿古典而新出现的重要运动潮流，像立体派、野兽派、未来派、表现主义、超现实主义、功能主义、无调派、连续派、意识派、纯抽象派、大众艺术等，每种思想流派都有其代表人物，如毕加索（立体派）、康定斯基（抽象派）、格罗皮乌斯（功能主义）等。在这一潮流中，人们追求现代化的时代精神和观念创新。

对于工业设计师，了解艺术发展史最重要的是培养自己的艺术素养、艺术感觉和艺术鉴赏力，这比艺术技巧重要得多。

（3）了解技术发展史。

工业设计是与技术发展紧密相连的。作为工业设计师，你就必须具备技术常识，关注各种科学技术在人类生活领域中的应用。因为技术是目前人类解决大多数问题的重要手段。而且技术的发展日新月异，你站在技术发展的前沿，就可以拓展你的视野，找到创造性地解决问题的手段。了解科技发展史，你还可以学到人类怎样创造性地解决各种问题的思路和方法。

许多艺术院校的学生往往缺乏技术方面的常识，这会给自己的实际设计工作带来许多障碍。如果你不懂材料，不懂工艺，不懂模具，你很难跟企业打交道。如果你要设计汽车，你完全不懂车体结构，不懂车身制造工艺，很难想象你会做出合理的设计。一个优秀的设计可能就是对某种材料、技术的创造性地使用。

你要在日常生活中积累对技术的认识和了解。如果你对汽车感兴趣，就要去了解汽车的发展史；如果你对相机感兴趣，就要去了解相机的发展史；如果你对武器感兴趣，就去了解武器的发展史。你会发现，在一种产品的发展历史中，技术（包括材料和工艺等）的发展是起决定作用的。

技术的发展对设计有着决定性的影响。钱学森认为，"科学技术的发展，人们生活方式的改变，必然影响着艺术表现的物质手段，从内容和形式上影响美学上的风格。至于像建筑和工业设计这种影响就更显著"。1934 年克莱斯勒的"气派"汽车由于超出技术水平的可能而失败。飞机的设计如果不从空气动力学出发，解决风洞的试验，就不可能有合理的美的造型。集成电路的诞生，用一块集成电路板代替电子管，省去上百乃至数百万个零件，才使得设计小巧玲珑、实用美观的微型电器成为可能。没有现代材料技术、模具技术、锻压技术、喷漆工艺以及计算机造型技术，高品质的汽车设计也无法实现。

对于设计师来说，技术既是实现产品功能的基础，又是完成设计目标的方式。设计师应该创造性地选择和利用技术来满足设计的需要。20 世纪 30 年代铜管椅子的出现就是德国工业设计家马塞尔·布鲁尔受自行车制作技术的启示而设计的。如柳冠中先生所说，"应将设计目标系统建立在人的行为在不同环境、条件、时间的互补共生基础上，从而去选择和组合技术、工艺形态、生产方式"。

复习思考题

1. 产品设计基本理念是什么?

2. 产品设计要素解析、功能的理解，应该包含几种基本形态?

3. 一名工业设计师应具备什么样的基本素质?

第 2 章
产品设计程序

　　工业产品的门类很多，产品的复杂程度也相差很大，每一个设计过程皆是一种创造过程，也可以说是一种解决问题的过程。由于产品设计物与许多要素有关，设计并不只是单纯解决技术上的问题，它除满足产品本身的功能外，尚应考虑如何解决与产品有关的各式各样的问题。以此观点来考虑，设计者必须明确设计的要素，并根据相应的设计技术把与这些设计问题相关的要素变换成最适当的、最协调的产品。

2.1
产品设计程序基本认知

　　企业总是希望通过开展产品开发工作能够带来全新的产品、服务或观念，以最大限度地获得经济效益。通常，产品开发的过程是一系列相互关联的活动的整合，包括调查分析、设计开发、生产制造、广告销售、后期服务等诸多活动。产品设计包含在整个产品开发过程之中，由各项符合市场开发与商业运作的技术活动构成①。而产品开发活动中所涉及的商业、金融、管理等全部活动以及产品销售市场与销售渠道的开拓活动，并不是产品设计过程所必须包括的内容。本节区别对待产品开发与产品设计，分析不同的产品开发类型及其流程，并对产品设计的一般程序进行阐述。

2.1.1 产品开发的不同类型

当市场上现有的产品受新趋势的推动或出现了重大的产品改进可能性的时候，新产品的机会缺口就会出现。当新产品满足了顾客有意识或无意识的需求和期望，并被认为是有用的、好用的和希望拥有的产品的时候，它就成功地填补了产品机会缺口。成功识别产品机会缺口是艺术与科学的结合，它要求不断地对社会趋势、经济动力和先进技术三个主要方面的因素进行综合分析研究，如图 2-1 所示。

图 2-1 产品机会缺口

---

① 凯文·奥托，克里斯汀·伍德 . 产品设计［M］. 齐春萍，宫晓东，张帆，等，译 . 北京：电子工业出版社，2006.

面对产品机会缺口，企业需明确新产品概念的类型，并根据自身的资源情况制定相应的开发机制。通常情况下，企业开发新产品的概念可分为仿制型产品、改进型产品、换代产品、全新产品、未来型产品等几类。与此对应，产品开发的机制也可分为技术主导型、设计－技术结合型、设计主导型三类。与之相应的是，新产品概念与开发机制之间存在一种匹配关系，如仿制型产品的开发机制采用技术主导型、未来型产品的开发机制采用设计主导型，如图 2-2 所示。

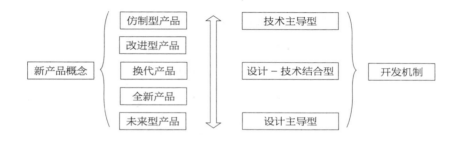

图 2-2　不同的产品开发机制

根据新产品的不同概念及产品开发的不同机制，企业也会采用不同的设计策略。例如，仿制型产品的开发往往是在现有产品的基础上推进逆向工程，创新设计所占的比重就很小，此时产品设计就服从于技术开发，即以技术为主导进行产品开发，如图 2-3 所示。

图 2-3　技术主导型产品开发机制

对于未来型产品，是在对用户需求、生活方式、社会发展变迁、技术进步等多方面综合分析的基础上，大胆预测新产品在未来的可能性，此时技术上的可行性是不可知的，产品设计要最大限度地发挥自身的创造性思维和想象力去勾勒未来产品的蓝图，很明显此类产品的开发是以设计为主导的，如图 2-4 所示。

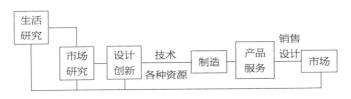

图 2-4　设计主导型产品开发机制

而对于改进型产品、换代产品及全新产品来说，在开发过程中应将设计和技术紧密结合，根据不同产品的具体情况，调整两者所占的比重，在设计过程中把握不同的侧重点，如图 2-5 所示。

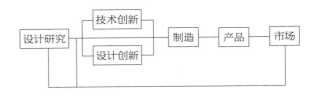

图 2-5　设计 - 技术结合型产品开发机制

逆向工程的工作流程如图 2-6 所示，它与正向工程的不同之处在于设计的起点不同，相应的设计自由度和设计要求也不相同。

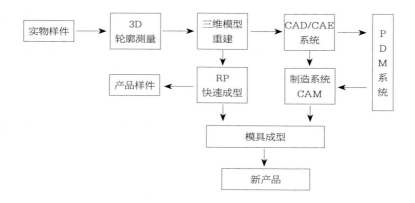

图 2-6　逆向工程工作流程图

逆向工程中主要的设计活动如图 2-7 所示，从图中可以看出，逆向工程过程主要包括产品三维坐标测量与扫描、模型重建、加工制造三个阶段。

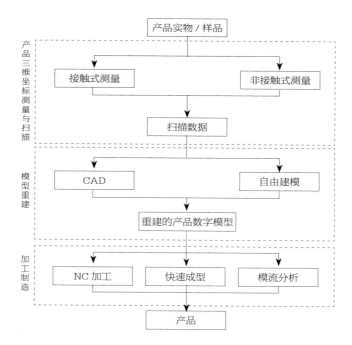

图 2-7　逆向工程中的主要设计活动

一般来说，逆向工程的工作内容主要体现在产品造型数据反求、工艺反求和材料反求等方面，它在工业设计领域的实际应用主要包括以下几个方面：

①新型外观的设计，主要用于加快产品的改型或仿型设计。

②已有外观造型的复制，再现原产品的设计意图。

③损坏或磨损外观造型的还原，例如艺术品、文物的修复等。

④数字化模型的检测，例如检验产品的变形、装配情况等，以及进行模型的比较。

2.1.2 产品设计的一般程序

产品设计工作包含在新产品开发的过程之中，产品设计同产品开发的流程一样，不同产品的设计程序也不尽相同，不存在唯一不变的设计程序，不过大多数产品的设计工作在程序上却趋于一致。本书将此程序分为三个阶段，即需求问题化、问题方案化与方案视觉化，如图 2-8 所示。

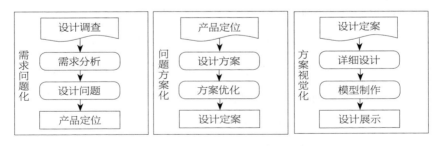

图 2-8 产品设计的一般程序

本质上，产品设计的过程就是一个发现问题和解决问题的过程。在上述产品设计的一般程序中，需求问题化是发现问题的阶段；问题方案化是解决问题的阶段；方案视觉化是将具体的解决方案——产品，用视觉化的语言呈现出来。

需求问题化是将用户需求转化为设计问题，进而确定设计定位的阶段。此阶段的大部分工作是设计调研，通过对产品、用户的调查研究，找到用户对新产品的潜在需求以及现有产品尚需完善之处等内容，发掘开发设计新产品的需求。通过分析研究将这些需求转化为设计需要解决的问题，从而确定设计定位。

问题方案化是围绕设计定位，综合运用多种创新设计的方法，构思新产品设计方案。此时，可能会产生数目众多的设计方案，因此就需要对这些设计方案分别进行优化，也就是从多个方面（包括功能、审美、可用性、人机工学等方面）进行评价、取舍与修改，最终确定新产品的设计定案。在问题方案化阶段，由多部门组成的设计团队就会发挥其优势。因为来自加工制造、结构设计与工艺设计的专业人员在此阶段就能发现新方案设计中的不足之处，并能及时进行修正，而不必等到加工制造阶段才返回修改，这也正是并行工程的优势所在。

方案视觉化的阶段主要是完成详细的设计工作，要利用多种不同的三维建模与渲染表现工具，这在概念化的阶段也有所涉及，并需要制作实体模型，最终设计产品的展示版面，以产品效果图和设计说明结合的方式全面展示创新设计的产品方案。

上述产品设计的三个阶段也可详细地分解为如下七个步骤：

①设计调查，寻找问题；

②分析问题，提出概念；

③设计构思，解决问题；

④设计展开，优化方案；

⑤深入设计，模型制作；

⑥设计制图，编制报告；

⑦设计展示，综合评价。

2.2
产品设计市场调查

随着商品生产和商品交换的发展，市场调研应运而生。在初级商品经济社会中，由于手工作坊产量少、市场竞争较小，产品生产出来后，只要质量尚好、价格合理，就可以销售出去。市场的微小变化对商品生产和销售影响不大，供求关系也比较简单，这时的市场调研处在一个单一的、较低的发展水平，还没有形成市场调研观念。17世纪出现的工业革命，使西方资本主义市场经济得到了较大发展。特别是在20世纪初，资本主义进入垄断阶段，一方面市场规模迅速扩大，产品更新换代速度越来越快，供需关系愈加复杂；另一方面资本主义经济危机的影响日益加深，市场竞争日趋激烈。

任何一个好的产品设计开发，都不只是为了追求与众不同而毫无根据地设计出来的。同类产品的特性千变万化，但功能是第一位的，是由实际需求而定。产品设计是创造一个造型和功能高度统一的形象，而人们的需求期望不断更新，所以产品无法寻找一种能统治市场的标准式样，这就要求设计应不断地创新，寻找造型和功能密切结合的美好"载体"。必须明确，设计是市场竞争的一部分，产品竞争能力的大小最终取决于使用者。因此，产品竞争力的关键是产品能否给消费者带来使用上的最大便利和精神上的满足。要使设计具有竞争力，就必须站在为使用者服务的基点上，从市场调研开始。调研主要分为产品调研、销售调研、竞争调研。

通过产品的调研，搞清楚同类产品市场销售情况、流行情况，以及市场对新品种的要求；发现已有产品的内在质量、外在质量方面存在的问题；掌握消费者不同年龄组的购买力，不同年龄组对造型的喜好程度，不同地区消费者对造型的好恶程度；了解竞争对手的产品策略与设计方向，包括品种、质量、价格、技术服务等。对国外有关期刊、资料所反映的同类产品的生产销售、造型以及产品的发展趋势的情况也要尽可能地收集。

2.2.1　收集资料

产品设计开发，首先应做大量的分析研究，而分析依据的来源就是尽可能多地收集大量有关信息资料，以供下一步分析、定位和决策使用。

由于网络与信息系统的快速发展，对所有的厂商与设计公司来说，收集市场相关信息的机会成本与信息的涵盖面几乎完全相同。但因为每个设计开发团队，各有其企业文化及产品策略的背景，且主导决策形成的主管，其专长、爱好与品位不会相同，再加上每一个设计开发团队的创意活力不会相同，所以解读出来的概念与方向必然不同。

然而，广泛有效地收集情报，是产品设计开发成功的前提条件。这个阶段的工作不应只由某一个部门完全负责与执行，而无须去与其他专业进行沟通互动。因为从创意管理的观点来看，有时候一个很小的相互触动就可能透过反馈的作用而扩大效益，转化成突破性的机会！收集信息和情报一般要从两方面入手。

（1）有关产品服务用户的情报调查：

① 人们对产品的功能需求。

② 人们能够出多少钱购买这一产品以及使用它所需的费用。

③ 可靠及耐久性，产品操作上的方便程度和使用过程中的维修问题。

（2）有关市场方面的情报调查：

① 市场对该产品的需求程度。

② 市场上类似产品的销售情况以及相关产品所占市场份额的比重。

2.2.2　调查内容

产品设计调查分为两种情况。

1. 未确定具体产品项目的设计调查

企业为开发新产品，提出开发新产品计划，但因各种原因，企业最高管理层未能确立新产品的具体内容，只能对新产品的概念进行大致描述，给出一定界限。这种情况下的产品设计调查是一种未确定产品具体内容的调查。

这种调查的特点是，调查目标界定于某一领域，调研面较宽，调查与研究工作量较大。因此这种调查还要在调查分析方面进行更为明确的研究，才能给决策者提供更为具体的决策依据。

2. 已确定具体产品项目的设计调查

企业最高管理层对新开发产品的具体内容已经确定，例如，通过设计调查了解产品的用户，研究他们的使用动机、使用过程、思维过程、使用结果、学习过程、操作出错以及纠正手段，以此改良产品的设计。

设计调查的内容包含对产品的调查（如现有产品的形态、结构、功能、技术特点等）、对用户的调查（如用户的需求、使用方式、价值观念、审美偏好等）以及对市场竞争情况的调查（如市场需求、市场竞争趋势、竞争产品的现状等）。对于产品设计来说，设计调查的重点内容是对现有产品的状况和产品用户的调查分析，因为这关系到新产品概念的定位。

2.2.3　调查方法

调查方法很多，一般根据调查重点的不同采用不同的方法。最常见、最普通的方法是抽样调查、情报资料调查、访问调查、问卷调查等。调研前要制定调研计划，确定调研对象和调研范围，设计好调查的问题，使调研工作尽可能方便、快捷、简短、明了。通过这样的调研，收集到各种各样的资料，为设计师分析问题、确立设计方向奠定基础。

产品设计的常见调查方法有以下几种。

1. 情报、资料调查法

这是一种对情报载体和资料进行收集、摘录的方法。调查方式是广泛收集文献，认真摘录。这一方法的优点是：超越条件限制，真实、准确、可靠、方便、自由、效率高、花费少；缺点是：仅限书面信息，存在差距，有时间差。

2. 访问调查法

访问者通过口头交谈等方式向被访问者了解要调查的内容。访问调查的方式是要做好访问前的准备工作，建立良好的人际关系，重视访问的非语言信息，做好访问记录，正确处置无回答的情况。访问调查的优点是了解广泛，深入探讨，灵活进行，可靠性高，适用广泛，有利交友；缺点是访问质量取决于访问者的素质，有的问题不宜当面询问，费人、费力、费时间。

访问调查主要有人员走访面谈、电话采访两种，见表 2-1。

表 2-1 访问调查法

方法	要点	优点	缺点
人员走访面谈	①可个人面谈，小组面谈；②可一次或多次交谈	①当面听取意见；②可了解被调查者习惯等方面的情况；③回收率高	①成本高；②调查员面谈技巧影响调查结果
电话采访	电话询问	收率高，成本低	①不易取得合作；②只能询问简单问题

3. 问卷调查法

这是一种调查者使用统一设计的问卷向被调查者了解情况或征询意见的方法。

问卷调查有开放式问卷与封闭式问卷两种方式。问卷调查的优点是突破时空，可匿名调查，方便，排除干扰，节省人力、财力、时间，便于统计；缺点是信息书面化，适宜简单调查，难以控制填答内容，回收率低，结果的可靠性较差。

问卷调查法主要有实地邮件查询、留置问卷两种形式，见表 2-2。

表 2-2 问卷调查法

方法	要点	优点	缺点
邮件查询	问卷邮寄给被调查者，需附邮资及回答问题的报酬或纪念品	①调查面广； ②费用低； ③避免调查者的偏见； ④被调查者时间充裕	①回收率低； ②时间长
留置问卷	调查员将问卷面交被调查者，说明回答方式，再由调查员定时收回	介于面谈和邮寄之间	介于面谈和邮寄之间

4. 观察法

该方法包括消费者行为观察和操作观察两种方式。这是由调查员或用仪器在现场观察的一种调查方法，可实时地观察到消费者购买过程中好恶倾向和购买习惯，或观察到消费者在产品使用过程中的使用习惯等信息。由于被调查者并不知道正在被调查，其动作和行为比较自然，有较强的真实性和可信性。

5. 实验法

该方法包括模拟实验和销售实验两种方式。实验法是把调查对象置于一定的条件下，有控制地分析观察某些市场变量之间的因果关系。实践中比较常见的是将新开发出的尚未批量生产的产品提交受测者使用或在小范围内试销，然后收集反映信息，经分析研究对产品做出可靠的评价，及时发现产品可能存在的缺陷并提出合理的改进方案。实验法比较客观，富于科学性，但需时较长，成本较高。

在具体的设计调查中，调查对象的选择方式要根据实际情况而定。一般来讲，调查对象的选择主要有全面调查、典型调查和抽样调查三种方式。

① 全面调查：指的是全面性的普查。

② 典型调查：以某些典型个体为调查对象，根据获得的有关典型对象的调查数据来推至一般情况。

③ 抽样调查：就是从调查对象的总体中，按照随机原则抽取一部分作为样本，并以样本调查的结果来推出总体的方法。抽样调查的特点是：抽取样本比较客观，推论总体比较准确，调查代价比较低，使用范围广泛。

6. 小组座谈法

小组座谈法是由一个经过训练的主持人，以一种无结构的自然会议座谈形式，同一个小组的被调查者交流，从而对一些有关问题深入了解的调查方法。

2.2.4　品牌形象研究方法案例

1. 为什么要进行品牌形象研究

营销时代的市场竞争正越来越体现为品牌的竞争。消费者心目中的品牌形象塑造，正如联合利华前董事长迈克尔·佩里（Michael Perry）所说，"如同鸟儿筑巢一样，用随手摘取的稻草杂物建造而成"。进行品牌形象研究，即是通过市场分析工具，在解析不同消费者的品牌印象的基础上，勾勒出某一品牌的特有气质，从而为品牌资产的管理者提供决策依据。

2. 品牌形象研究方法的选择

选择定性还是定量的研究方法，取决于调查的目的而非时间与金钱。

3. 如何进行品牌形象的定量研究

品牌形象的定量研究除应遵循定量市场研究的基本程序（包括定义客户问题、研究设计、实地调查、数据分析、报告撰写、向客户陈述等），还应特别注意以下问题。

（1）预先的定性研究。

在进行品牌形象的定量研究时，无论时间、预算的限制如何，都必须先进行一些定性研究，以使研究人员了解消费者用以描述该类商品及研究品牌的基本尺度。

（2）确定过滤条件。

调查对象的过滤条件决定了研究结果的代表性。例如对某微波炉的品牌形象研究中，如果调查对象为全体市民，则调查结果代表现有和潜在消费者的意见；如果调查对象为家中有微波炉的受访者，则调查结果代表现有消费者的意见；如果调查对象为使用某品牌微波炉的受访者，则调查结果代表品牌使用者的意见。

在确定过滤条件时，还需要考虑依据该条件是否能够找到足够的受访者，通过何种数据采集方法才能有效地找到该类受访者。

（3）选择合适的数据采集方法。

采用随机抽样的入户访问结果具有推断调查对象总体的意义，所以大多数的品牌形象研究都以此为主要的数据采集方法。街头定点访问有利于找到满足某些过滤条件（如未来一年内准备购买彩色电视机）的受访者，一般要求在街头拦截访问，在找到合格的受访者后，邀请其到附近的一间工作室中，由访问员对其进行访问。

（4）使用指标体系设计问卷。

研究经验显示，对于不同种类的产品应使用不同的指标体系来设计问卷，以便能够有效地保证研究质量。

（5）通过模型进行分析。

通过市场现状图、品牌定位图等研究模型，在大量的数据中找到最重要的研究结论，并使之一目了然。

4. 如何进行品牌形象的定性研究

在小组座谈中，使用一些研究技巧可以有效地刺激受访者的想象力，从而获得更多有关品牌的信息。

（1）开放式讨论：

① 对你来说，这个品牌有什么意义？

② 当初为什么选择这个品牌而不是其他品牌？它和别的品牌有什么不同？

③ 如果你要向别人介绍这个品牌，你会怎么说？

④ 你觉得这个品牌适合是什么样的人使用？

（2）拟人化：

① 如果这个品牌是一个人，它的性别、年龄为何？

② 它所从事的职业是什么？它的衣着打扮是什么样子？

③ 它平常有哪些爱好？有什么样的休闲娱乐活动？

（3）词汇联想：

① 提到这个品牌，你最先想到的 3 个形容词是什么？

② 为什么是这 3 个形容词？

（4）隐喻及类比：

① 如果这个品牌是动物，它会是哪一种动物？

② 如果这个品牌是人，它会是什么性别、年龄、职业？

（5）属性归类。

本方法进行的方式是准备受测品牌及其竞争品牌，然后要求消费者以他们自己的分类标准来将这些品牌分组，此过程不断重复，直到消费者无法想出其他用来分组的"区隔元素"；接着由消费者解说其标准及呈现分类结果。

2.2.5 调查步骤

产品设计调查分为以下三大步骤。

1. 调查准备阶段

在调查的准备阶段，应根据已有的资料进行初步分析，拟定调查课题和提纲，当然也可能需要进行非正式的调查。这时调查人员应根据初步分析，安排负责管理、技术、营销的员工和客户座谈，听取他们对初步分析后提出的调查课题和提纲的意见，以便更好地拟定调查的问题，确定调查重点，避免调查的盲目性。

2. 调查确定和实施阶段

这是调查计划和方案的选定以及具体实施的阶段。主要涉及以下内容：

① 确定资料来源和调查对象。

② 选择适当的调查技术和方法，确定询问项目和设计问卷。

③ 若为抽样调查，应合理确定抽样类型、样本数目、个体对象，以便提高调查精度。

④ 组织和挑选调查人员，必要时对调查人员进行培训。

⑤ 制定具体、可行的调查计划。

⑥ 调查的实施。

3. 调查结果的整理和分析

将调查收集到的资料，进行分类和整理，有的资料还要运用数理统计的方法加以分析。最后将统计数据整理后，绘制成各种图表，并做出有关调查结果的分析报告。调查分析报告要达到以下四点要求：

　　① 要有针对调查计划及提纲的问题的回答。

　　② 统计数字要完整、准确。

　　③ 文字要简明，并有直观的图表。

　　④ 要有明确的解决问题的方案和意见。

2.2.6　市场调查分析

　　市场调查分析是市场调查的重要组成部分。通过市场调查收集到的原始资料，是处于一种零散、模糊、浅显的状态，只有经过进一步的处理和分析，才能使零散变为系统、模糊趋向清晰、浅显发展为深刻，在此基础上分析研究其规律性，达到正确认识社会现象的目的，为准确的市场预测提供参考依据，最终为决策者正确决策提供有力的依据。

　　市场调查分析的研究方法如下。

　　（1）个体研究，汇总整理。汇总或传阅调查材料，根据调查内容，每位调研者独自研究分析，并将结果整理成书面形式，提交上一级主管部门。主管部门根据大家上交的个人研究材料，组织专人对其汇总。相同研究结果只保留一条，不相同的内容累加，同时要注明相同研究结果的人数。将上述结果按照类别由多到少的顺序汇编成书面研究结果。这种方法的特点是时间长，相互干扰影响小。

　　（2）召开会议将调查材料以合适的方式展现给所有到会者，以便到会者根据材料内容自由发表个人意见，展开讨论，再将公认的意见记录在案。会议要事先做好计划，专人主持，按顺序展开。最终整理记录的公认意见，并按重要性排列次序。这种方法的特点是时间短，相互干扰影响大。

（3）在掌握大量信息资料的基础上，对所收集的资料进行分类、整理、归纳，使它们按照一定的内容条理化，从而便于分析研究。针对收集的资料，做如下分析：

① 同类产品的分析（功能、结构、材料、形态、色彩、价格、销售、技术性能、市场），例如调查大学生用户群体对鼠标产品材质的态度，如表2-3所示。

表2-3　我对鼠标表面材质的态度

	喷漆表面	塑料表面	橡胶表面	磨砂表面	不同材料混搭的表面
完全不喜欢	□	□	□	□	□
不太喜欢	□	□	□	□	□
无所谓	□	□	□	□	□
比较喜欢	□	□	□	□	□
很喜欢	□	□	□	□	□

② 功能技术分析（功能、结构、材料、形态、色彩、加工工艺、技术性能、价格、市场），例如表2-4对户外饮用水过滤器产品技术特性的调查分析得出以下几点结论：

表2-4 产品技术性能调查

类型	水壶式	吸管式	气压吸水式
产品图示			
主要特点	盖子打开后，将水瓶放在水中取水，过滤后可直接饮用	在水源取水，直接通过该吸管将水过滤并饮用	采用机械或电动装置取水并过滤
使用人群	普通用户	普通用户	普通用户及专业用户
技术原理	过滤膜、活性炭、过滤棉组合过滤		
优缺点分析	过滤快，使用方便；但体积大，不便于携带	体积较小，便携，取水方式多样；但功能单一，闲置时没有其他作用	机械感强，稳重安全，使用省力；但体积偏大，造型不美观

a. 过滤技术成熟，过滤膜、活性炭、过滤棉等组合使用可保证水质完全符合饮用水标准。

b. 现有产品尚处于功能设计的层面，造型样式单一，设计感不强。

c. 产品所选用的材料以塑料为主，可满足生产和使用要求。

d. 产品便携性尚需进一步提升，同时当用户不外出时过滤器就处于闲置状态，容易积尘，在下次使用时需要专门清洗。

对产品技术特性的调查应注意对相关国家标准及专利数据的调查分析。对国家标准及行业标准的调查可以使设计师快速了解产品设计的现状与技术限制情况，使设计师充分了解所涉及的技术问题，而且可减少设计后期的修改工作。对相关专利信息的调查，可以有效避免重复工作，并避免潜在的知识产权纠纷。专利的类别包括发明专利、实用新型专利与外观设计专利，在万方、中国知网等在线数据库中都可以进行相关的查询。

③ 使用者的分析（使用者的生理与心理需求、生活方式、职业、年龄、性别）。

④ 产品使用环境的分析（使用地点、使用时间、使用环境中的其他因素）。

⑤ 影响产品的其他因素分析。

有效地进行顾客细分也是寻找优秀解决方案的手段之一。根据他们不同的行为特点将整体顾客分为若干"共同需求主题"，其原则是尽量满足每一位顾客的使用要求，尽管这一点很难做到，但是通过适当的顾客细分可以简化研究、设计和操作的过程，提高设计效率。在进一步的使用者需求分析研究过程中，设计师可以根据研究的深化和视野的拓展去调整设计定位，修正设计发展的方向。

2.3
产品设计定位

作为设计师，通过前期大量情报资料的收集与分析，在了解企业目前和未来可能的生产条件的基础上，把从中发现的需要解决和可能需要解决的问题与其他各种因素，进行归纳和分析，找出主要问题和主要原因，然后进行设计定位。设计定位是在产品开发过程中，运用商业化的思维，分析市场需求，为新产品的设计方式和方法设定一个恰当的方向，以使新产品在未来的市场上具有竞争力。通常企业的设计定位包括市场定位、消费者定位、产品定位、品牌定位。

2.3.1　设计定位相关概念

1. 设计定位的概念

所谓设计定位，是从消费者心智出发，以满足经过市场细分选定的目标顾客群的独特需求为目的，并在同类产品中建立具有比较优势的设计策略。设计定位通过对顾客心理需求类型的细分，寻找消费者心理需求中尚未被其他产品满足的市场空隙，根据企业资源优势选定一个市场容量适中的细分市场，满足目标消费群体的独特生理和心理需求，以先入为主的方式牢牢占据消费者心灵中的特定位置，成为此细分市场中的领导性产品。

设计定位的主要特点：

①尊重顾客需要，以顾客为中心，为顾客量体裁衣，去定制产品，而不是根据自身资源和优势去寻找最有可能成为买主的潜在顾客；

②满足细分市场顾客，而非总体市场中的消费者；

③要满足顾客生理和心理的双重需求；

④注重比较优势的建立，而非孤立状态下的自然特性的建立。

一般来说，设计定位的概念由以下四部分构成：

①设计定位是以发现细分市场的目标消费者需求为基础，并将模糊需求清晰化的过程；

②设计定位是基于企业的实际情况，为企业找到独特位置，可以建立并延续这种相对竞争优势的过程；

③设计定位对设计任务具有一定范围的限定性作用，从而让设计恰到好处地发挥作用；

④设计定位是设计评价的依据。

2. 产品设计定位的概念

产品是指能提供给市场，可供使用和消费的，可满足某种欲望和需要的一切有形或无形的利益，包括实物、服务等。作为一种产品，它不仅是指一种具体的存在，还包括产品的价值或者功能，以及产品附加价值的认定。产品的设计定位就是在产品设计前，对产品所具有的特征进行系统和综合的揭示，是指引设计师设计的航标。产品不可能去满足所有的消费者，它面对的是特定细分市场的消费群体。

柳冠中教授认为产品设计定位是产品的内部因素及外部因素对产品使用功能的限定性描述，这一观点是从系统设计和"设计事理学"的角度提出的。设计是在多种因素的限制和约束下进行的，其中包括科学、技术、经济等发展状况和水平的限制，也包括生产厂家所提出的特定要求和条件，同时还涉及环境、法律、社会、心理、地域文化等因素。这些约束条件并不是一种主观的限制，而是社会经济和自然环境等因素对设计的客观制约。了解设计活动的约束，是认识设计自由度的需要，是设计定位的重要活动。

产品设计定位的目标就是发掘隐性的消费市场，创造出富于竞争力的产品，赢得目标客户群。所以一个有效的产品设计定位应该符合以下原则：

①独特性。该定位必须是与众不同的，是竞争对手难以模仿的。

②重要性。产品定位必须能为潜在消费者带来较高价值的利益。这种利益对消费者来说是重要的。

③优越性。产品的定位必须明显优于通过其他途径而取得的市场效果。如梅赛德斯－奔驰与手表巨头 Swatch 公司合作的产物 Smart 车（图 2-9），微型都市代步用车的特点为其最大卖点。

④可承担性。目标消费者有能力为该差异化定位支付额外的价钱。例如，豪华汽车的代表之一宾利轿车（图 2-10），选择它的消费者为了获得独一无二的尊贵地位，无不花费巨额资金进行配置的个性化选择。

图 2-9　Smart 车

图 2-10　宾利轿车

⑤赢利性。企业能通过该差异化定位获得利润。如果一个新产品投产市场后没有回报，必然是失败的。

2.3.2　市场定位

产品之所以要选择目标市场，有两方面的原因：一是当企业集中精力于一个特定目标市场的时候，能够比较深入地了解消费者的需求，把产品做得更深入、更完善，使消费者得到更大的满足，从而在市场竞争中占据有利的地位；二是产品可以选择进入一个竞争对手少的细分市场。因为选择好一个目标市场，可以使竞争对手更加明确，也可以有的放矢地根据自身和竞争对手的情况来确立相对比较优势。这样，产品占领目标市场的概率就更大。

选择目标市场的首要步骤是对市场进行细分并评估各个细分市场，即对各细分市场在市场规模增长率、市场结构吸引力和公司目标与资源等方面的情况进行详细评估。很显然，在众多的细分市场中，企业不一定都愿意或有能力进入每一个市场，也就是说，并不是所有的细分市场对企业都具有相同的吸引力，绝大多数市场对企业的发展来说都是毫无价值或价值很小的。这就需要我们对市场进行细分之后，在所划分的各个细分市场之间进行权衡，以确定公司最终要进入的目标市场。在对各个指标综合比较、分析的基础上，才能选择最优化的目标市场。

1. 市场细分

市场细分的概念是美国市场学家温德尔·史密斯（Wendell R. Smith）于 1956 年提出的。它是第二次世界大战结束后，美国众多产品市场由卖方市场转化为买方市场这一新的市场形势下企业营销战略的发展产物，更是企业贯彻以消费者为中心的现代市场营销观念的必然产物。

在市场上，由于受到许多因素的影响，不同消费者有不同的消费欲望和需要，因而不同的消费者有着不同的购买习惯和行为。市场细分就是根据消费者明显不同的需求特征，将整体市场划分成若干个消费者群体的过程，每一个消费者群体都是一个具有相同需求和欲望的细分子市场。

市场细分是指按照消费者欲望与需求把因规模过大导致企业难以服务的总体市场划分成若干具有共同特征的子市场，处于同一细分市场的消费群被称为目标消费群，相对于大众市场而言这些目标子市场的消费群就是分众了。市场细分是设计定位中重要的一步，也是市场营销学中一个非常重要的概念。

（1）市场细分的作用。

① 通过市场细分，企业可以设计出符合该细分市场特点的产品及利益组合，从而使消费者的需求得到有效的满足。

② 在市场细分研究中搜集的信息有着广泛的市场营销价值，它可以使企业在成本较低的情况下对产品进行更新换代，这样能够更好地满足消费者需求，同时增强了企业竞争能力。

③ 市场细分研究对新产品开发也同样有指导作用，企业可以根据市场的不同细分类型，发掘新的市场机会，来配合新产品的研发，对新产品进行准确定位。

市场细分有助于企业对既定市场中细分市场的理解，并应对竞争者推出的新产品。细分市场一旦确定下来，企业就可以估计新产品对相关的细分市场可能产生的影响程度，并决定是否采取相应对策。如果竞争对手的新产品定位模糊，企业则无须投入大量资金；反之，如果新产品很好地满足了细分市场的需求，那么，与之相关的企业必须考虑推出全新的竞争性产品或改进现有产品，调整营销策略或采取相应的措施。

（2）市场细分的原则。

一般而言，成功、有效的市场细分应遵循以下基本原则：

① 可衡量性。指细分的市场是可以识别和衡量的，细分出来的市场不仅范围明确，且对其容量大小也能大致做出判断。有些难以衡量的细分变量，如生活幸福的 20~30 岁年轻人等，作为细分市场的依据就不一定有意义。

② 可进入性。指细分出来的市场应是企业营销活动能够抵达的，亦即企业通过努力能够使产品进入并对顾客具有影响的市场。一方面，产品的信息能够通过一定媒体顺利传递给该市场的大多数消费者；另一方面，企业在一定时期内有可能将产品通过一定的分销渠道运送到该市场。否则，该细分市场的价值就不大。

③ 有效性。即细分出来的市场，其规模要大到足以使企业获利。进行市场细分时，企业必须考虑细分市场消费者的数目，以及他们的购买能力。如果细分市场的规模过小，细分工作烦琐，成本耗费大，则不值得进行市场细分。

④ 差异性。指各细分市场的消费者对同一市场营销组合方案会有差异性反应，或者说对营销组合方案的变动，不同细分市场会有不同的反应。

（3）市场细分的程序。

美国市场学家麦卡锡（Jerome McCarthy）提出细分市场的一套程序，这一程序包括七个步骤：

① 选定产品市场范围，即确定进入什么行业、生产什么产品。产品市场范围应以顾客的需求，而不是产品本身的特性来确定。

② 列举潜在用户的基本需求。例如某公司希望改进现有电

饭煲或推出一款新型的电饭煲，公司可以通过调查了解潜在消费者对家用电饭煲的功能需求，这些需求可能包括定时煮饭、煲粥、对米饭的软硬要求、煮饭速度等。

③ 了解不同潜在用户的不同要求。对于列举出来的基本需求，不同用户强调的侧重点可能会存在差异。比如，电饭煲煮饭速度要快是所有顾客共同强调的，但有的用户可能特别重视煮饭时米的软硬程度，另外一类用户则对营养成分是否流失有很高的要求。通过这种差异比较，不同的消费群体可被初步识别出来。

④ 抽掉潜在顾客的共同要求，而以特殊需求作为细分标准。上述所列对电饭煲的共同要求固然重要，但不能作为市场细分的基础。如煮饭速度是很多用户的要求，就不能作为细分市场的标准，因而应该剔出。

⑤ 根据潜在用户基本需求的差异方面，将其划分为不同的群体或细分市场，并赋予每一细分市场一定的名称。

⑥ 进一步分析每一细分市场的需求与购买行为的特点，并分析其原因，以便在此基础上决定是否可以对这些细分出来的市场进行合并，或进行进一步细分。

⑦ 预估每一细分市场的规模，即在调查基础上，估计每一细分市场的顾客数量、购买频率、平均每次的购买数量等，并对细分市场上产品竞争状况及发展趋势做出分析。

企业在运用细分标准进行市场细分时必须注意以下问题：首先，市场细分的标准是动态的。市场细分的各项标准不是一成不变的，而是随着社会生产力及市场状况的变化而不断变化的，如年龄、收入、购买动机等都是可变的。其次，不同的企业在市场细分时应采用不同标准，因为各企业的生产技术条件、资源、财力等各不相同，所采用的标准也应不同。

（4）市场细分的方法。

企业在进行市场细分时，可以采用某项标准，即单一变量因素细分，也可采用多个变量因素组合或系列变量因素进行市场细分。下面是几种市场细分的方法：

① 单一变量因素法：就是根据影响消费者需求的某一个重要因素进行市场细分。如服装可按年龄细分市场，分为童装、少年装、青年装、中年装、中老年装、老年装，或按气候的不同，分为春装、夏装、秋装、冬装。

② 多个变量因素组合法：就是根据影响消费者需求的两种或两种以上的因素进行市场细分。

③ 系列变量因素法：根据企业经营的特点，并按照影响消费者的诸多因素，由粗到细地进行市场细分。这种方法可使目标市场更加明确而具体，有利于企业更好地制定相应的市场营销策略。如自行车市场，可按地理位置如城市、郊区、农村、山区，或按年龄如儿童、青年、中年、中老年，或按收入如高、中、低等变量因素细分市场。

2. 目标消费者

市场经过细分之后，使企业面临许多不同的细分市场机会，而市场细分的目的在于从对客户的分析中捕捉市场的机遇，确定目标消费者。因此，完成市场细分工作之后应通过对市场细分的分析及选择确定目标消费群体。

通常来说，在细分市场和描述目标消费群时，是从以下因素入手，进而确定产品定位的。这些描述消费者特征的细分变量可以单独使用，也可以结合使用：

①地理变量（地区、城市大小、人口密度、气候）；

②人口统计因素（年龄、代沟、家庭人口、家庭类型、性

别、收入、职业、教育、宗教、种族、国籍、社会阶层）；

③心理因素（生活方式、个性）；

④行为因素（使用时机、追求的利益、使用者状况、使用率、品牌忠诚情况、准备程度、对产品的态度）。

过去，市场营销人员关于消费者知识核心部分的了解主要包括对消费者的人口统计数据，例如对年龄、性别、收入、教育水平、婚姻状况、家庭等的了解。但在实际工作中，这些知识并不能很好地帮助企业和设计师了解消费者真正喜欢什么。因为，人口特点只是对消费者一种表面上的描述，它们回答了"谁"会从事哪些行为，但并没有回答"为什么"会出现这种情况。美国市场营销专家菲利普·科特勒就曾经指出："在同一人口细分中的人可能显示出迥然不同的心理特征。"我们发现即使处于同一年龄阶段、同一职业、同一收入水平的消费者，他们对产品的喜好也可能相差很远。所以，设计师除了掌握上述信息外，更需要去把握消费者感情心理和主观知觉上的期望与需求，才能设计出更对消费者口味的产品。

个性和生活方式正是两个可以反映消费者心理特点的重要概念：个性是长期的和深层次的，它反映了消费者自从儿童时期就形成的一种固定反应；生活方式则是用来定义一个人日常生活的活动、利益和观点。个性和生活方式形成了一套比人口学更为丰富的指标。

目前，在市场营销的研究领域，研究人员也越来越多地通过个性和生活方式这两种途径了解消费者，并且根据个性或生活方式将消费者划归不同的群体，从而使市场细分从平面转向立体，也使得划分和确定的目标市场更具深度。另外，个性和生活方式这两个概念还被用于新产品开发和传播媒介的选择上。

　　可以这样认为，在当今"消费导向"的市场环境中，无论是企业市场营销的整个环节，还是产品开发的设计阶段，都必须树立起以消费者为中心的观念，并深入对其的研究，而个性和生活方式的因素使我们能够更好地接近和了解消费者。

　　（1）消费者的个性研究。

　　一般来说，个性不仅指一个人的外在表现，而且指一个人真实的自我。研究个性及其与人类行为间的关系，可远溯到希腊、中国、埃及等远古时代。心理学上称个性是"个人在对人、对己、对事物，或对整个环境适应时所显示的独特特征"；而消费行为学则把个性定义为个人长期一贯的行为方式，通常被视为一个人的心情、价格、态度、动机、习惯等因素交互作用下的结果。个性研究通过测量个体性格结构特征也反映了一个个体区别于另一个个体的方式。

　　因为个性具有不随情境而改变的相对稳定性，所以测量个体即可预期行为。大量的研究证明，消费者的个性——不同的观点、秉性和行为反应模式，会影响其对产品的选择。已积累的大量经验知识，将个性特征和类型与顾客的产品和品牌偏爱及其行为的其他方面联系了起来。

　　（2）消费者的生活方式研究。

　　除了个性，生活方式也是一种对消费者进行深入了解的途径，这两个概念常被结合起来使用，而生活方式因为易于被观察和了解，常常作为对个性研究的一种有益补充。

　　所谓生活方式是指消费者的生活模式，这种模式反映了他们的态度、兴趣和观点。消费者的生活方式反映了消费者生活的现实状况：他们认为什么最重要，他们如何花费时间和金钱。给这些生活方式贴上标签，有利于我们论述不同的消费者群体或类型。

从市场营销的角度来理解，消费者的许多消费活动，是为了从活动中获取某种程度上的满足，包括精神和物质两方面，他们更多的是重视产品给自己带来的最大效用。这种主观上的偏好以及内心的满足感，最终体现在消费者对产品的辨别和选择上，这也是生活方式的具体表现。这个观点给了我们一个提示，可以从消费者对产品的选择上观察他们的生活方式；反之，也可以从对消费者生活方式的描述中推测他们喜好的产品。

（3）确定比较优势。

如今，没有竞争对手的市场早已不存在，很多时候，你想出来的创意别人早已将其变成了现实。所以，仅仅了解消费者的需求是不够的，还必须了解竞争对手的情况。要识别出产品的竞争对手是谁，并对竞争对手进行深入、细致、全方位的了解。对竞争对手的了解越多、越深入，产品成功的机会就越大。对竞争对手有透彻的了解，不仅能为产品设计找到恰当的切入点，而且可以为企业提供一些决策依据。

在目标市场定位阶段，必须将各种要素与竞争对手相比较，找出自身的优势和不足，在设计中扬长避短，从而在消费者心目中确立优势地位。从设计定位系统的构成来看，产品可以从功能、形式、延伸研究等方面入手，寻找与竞争对手的比较优势。上述几个方面的优势不需要面面俱到，只要在其中某一个方面或者某几个方面有胜人之处，就可以确立竞争优势，抓住消费者。因为消费者的口味千差万别，每一种差别化设计的产品都能吸引不同的消费群体。

2.3.3 产品定位

1. 产品定位的构成

为了进行目标市场定位分析，市场营销学从地理、人口、心理、行为、经济等方面来描述市场，其中每一项中又包含了更为详细的特征项，这些特征变量全面、完整地反映了市场状况和变化趋势。对产品定位而言，所关注的核心对象是目标市场中的用户，因此，对于目标消费群体的属性描述成为必须面对的问题。

当企业选准了细分市场，明确了自身的竞争优势以及竞争对手，接下来就是将优势与消费者的需求结合起来，转化为对消费者的真实吸引力，并牢牢占据消费者心中的一角。产品定位与目标市场定位密不可分。市场细分将市场划分成一个个类似的小市场，其中一部分被选为目标市场。产品定位则是市场营销者在选定的目标市场中赋予其品牌特定的位置。产品定位利用战略式的市场营销手段，将具有独特意象的产品与特定的目标市场结合起来，使人们知道该品牌意味着什么，并知道如何将它与其他品牌区分开。产品的造型和风格作为一个产品多个因素中最显性和视觉化的部分，是塑造产品和企业独特形象的有效手段之一，而这一点在技术、功能趋同的情况下更是如此。

消费者会用自我形象和品牌、产品形象做出比较，进而确定对该产品的选择。消费者的自我认知源于其自我形象，下面我们再进一步探究消费者对产品的认知。通常来说，消费者对一产品的认知包含三个部分：a. 产品的具体属性，例如价格、大小、颜色等；b. 产品的功能属性，例如电脑是用来办公或娱乐的，手机是用来通话的，这两种属性都是客观且可以证实的；c. 产品的"性格"，例如某辆小汽车是复古的。这些感觉混合着消费者对该产品相关信息的处理，传递到消费者的脑海中，形成对这一产品的整体认知，进而产生"这个产品适合我"或者"这个产品不适合我"的判断。所以说，产品个性是产品整体形象的一部分，也是消费者选择产品的重要依据之一，而产品的个性定位贯穿产品开发的整个过程。产品开发是一个系统工程，牵扯的方面十分广泛，不仅仅涉及产品的形态、结构、材质、色彩、表面处理工艺等因素，还要综合考虑经济、社会、环境、人机、心理、审美、造型等因素。

2.产品定位的层次

产品定位可分为宏观和具体落实两个层次。

（1）宏观层次。

在宏观层次上，产品定位要完成的内容包括总体市场的分析、竞争对手分析、典型目标市场和典型消费者特征描述、进入目标市场的基本策略，这几个方面的内容回答的是把产品卖给谁的问题。

（2）具体落实层次。

具体落实层次是对宏观层次结论的具体化，回答的是用什么样的产品来满足目标消费者的需求的问题，基本内容包括产品档次定位、基本产品构成定位、基本产品功能定位、产品线长度定位、产品宽度和深度决策、产品外观决策、产品卖点、产品定价决策。

3.产品定位与设计定位的关系

产品定位与设计定位都涉及定位的概念，两者的出现都是为了增加产品的价值机会，但是产生价值的作用方式和侧重点是不同的，需要综合利用这两种战略，以获得利益最大值。根据产品定位和设计定位概念的界定，可以认为产品定位与设计定位的关系是互动的。

（1）产品定位是设计定位的基础。

设计定位是一个涵盖产品开发各个方面的大系统，包括产品设计、制造、宣传等。鲁晓波教授等在《工业设计程序与方法》中写道："……在分析评估后，将分析结论有机地融入公司发展策略，以定位新产品的整体'概念'，通常是以文字格式来做叙述，会将'市场定位''目标客户''商品的诉求''性能的特色'与'售价定位'做定义式的条例描述。"可见设计定位是以产品定位为基础的，它是从设计的角度对企业产品设计开发相关因素的定位进行再认识，将其转化为指导设计工作的一个方向。

（2）设计定位使产品定位更具有针对性和可控性。

针对性是指设计定位能突出产品定位的焦点，它确定了产品设计中运用什么因素最能体现差异化，最吸引目标市场。通过对产品设计这一强大工具的恰当运用强化产品的设计卖点，就等于强化了产品定位。

如根据对产品特性的调查分析，对户外饮用水过滤器新产品设计定位如下：

目标用户：具有青春活力的年轻人，他们喜欢旅游、户外运动，同时对生活品质有一定的要求，崇尚个性时尚、自由自在的生活方式；野外作业者、地质工作者、探险勘测人员、涉足户外的新闻工作者等。

技术原理：a. 过滤膜、活性炭、过滤棉组合过滤；b. 吸管式取水。

功能特点：a. 满足户外过滤水需要，同时在产品闲置时也可以在家里使用，即"户外 + 家居"的双重使用环境；b. 体积足够小，增强产品的便携性；c.改变取水方式，产品底部可以增加水管，使用户在离水源较远时仍然可以取水；d.适当增加某些适用于户外活动的其他功能。

造型风格：改变目前同类产品单一的直筒状外观造型，使产品造型更具有趣味性。

材质与色彩：塑料材质，表面处理要精细，体现高档的质感。色彩应符合趣味性造型的要求，可根据造型形式采用纯色或搭配色。

在以上设计定位的基础上，可采用设计重点图示的方式，使设计师进一步明确产品设计时的重点所在，如表2-5所示。

表2-5 户外饮用水过滤器设计定位分析

序号	设计目标	要点	必要	期望
1	双重功能	a.家居使用		☆
		b.便携	☆	
		c.底部增加水管	☆	
2	趣味性造型	a.趣味性	☆	
		b.高档的质感		☆

......

总而言之，产品定位就是要确定品牌或产品要表达的信息是什么，设计定位就是要从设计的角度对信息进行选择和加工，使之更符合目标消费者的审美和精神需求。

2.3.4　品牌产品定位

1. 品牌与品牌战略

品牌是具有经济价值的无形资产，是用抽象化的、特有的、能识别的心智概念来表现其差异性，从而在人们的意识当中占据一定位置的综合反映。现代营销学之父菲利普·科特勒等在《市场营销学》中对品牌的定义：品牌是销售者向购买者长期提供的一组特定的特点、利益和服务。品牌是给拥有者带来溢价、产生增值的一种无形资产，它的载体是用于和其他竞争者的产品或劳务相区分的名称、术语、象征、记号或者设计及其组合，增值的源泉来自消费者心智中形成的关于其载体的印象。品牌更多承载的是一部分人对其产品以及服务的认可，是一种品牌商与顾客购买行为间相互磨合衍生出的产物。

在瞬息万变的经济活动中，消费者对商品和服务的选择有限，往往只根据对"品牌"的印象和忠诚度进行消费，因而品牌的价值在于它在消费者心目中独特的、令人瞩目的形象。

产品品牌是指有形的实物产品品牌，它主要包括三个部分：

①品牌名称。它是品牌中可以用文字表达并能用语言传递的部分，如梅赛德斯 - 奔驰、美的、海尔等。

②品牌标记。它是品牌中可以标记不能读出来的部分，包括各种符号、设计、色彩、字母或图案等。

③商标。它是通过依法注册而获得法律保护的品牌。商标保护品牌名称和品牌标记的专用权。

品牌战略中的"品牌"则强调的是企业品牌，它包含产品品牌，同时还包含其他内容。它提供了一种整体形象，超越了产品的基本要素性能及功用，而将其作为一个整体来看待。在这个整体中，体现了品牌名称及其附加于产品实用性能上的诸多联想。它是一个集合概念，包括产品质量、形象、技术、功能、效用等诸多内容。创造一个广受消费者欢迎的品牌，需要日积月累的努力和长期的品质、价值保证。

所谓品牌战略是指企业通过创立市场良好的品牌形象，提升产品知名度，并以知名度来开拓市场、吸引顾客、扩大市场占有率、取得丰厚利润回报、培养忠诚品牌消费者的一种战略选择。品牌战略是现代企业市场营销的核心。品牌战略是企业为了提高企业产品的竞争力而设定的，并围绕企业及其产品的品牌而展开的形象塑造活动。

从品牌战略的功能来看，一个品牌不仅仅是一个产品的标志，更多的是产品的质量、性能、满足消费者效用的可靠程度的综合体现。它凝结着企业的科学管理、市场信誉、追求完美的精神文化内涵，决定和影响着产品的市场结构与服务定位。因此，发挥品牌的市场影响力、带给消费者信心、给消费者以物质和精神的享受正是品牌战略的基本功能所在。

2. 品牌战略下的产品定位方法

一般性的产品概念和企业或品牌的产品是不同的，企业或品牌的产品是通过企业的产品设计政策和设计师的个人理解来完成的，结合影响企业或品牌产品的诸多决定性因素，设定企业或品牌识别和设计师的研究方向与情境研究方法。企业或品牌的产品识别主要来自外形识别和与之有关的用途定义、功能组合与服务策划等。

人类能在复杂的环境中快速地进行物体识别、目标搜索等动作，是因为视知觉组织把从感受器传来的信息转化为人能知觉到的图形，同时不仅对周围环境信息进行检测，还把这些信息组织成正确、有用的知觉。消费者购买、使用产品的过程实际就是对产品的解读过程，通过视觉对显在的形态特征的解读，领会隐藏在表层背后的象征意义，进而得到物质上和精神上的满足，从而影响下次的消费，品牌的意义便在消费者心目中形成了。所以，产品形态作为传递产品信息的第一要素，它能使产品内涵等本质因素上升为外在表象因素，并通过视觉使人产生一种生理和心理过程，主要包括造型、色彩、材质三大要素。产品形态是企业产品在一定社会群体中的总的印象，它包含企业文化、经营战略与设计理念、制造水平等方面的内涵，是企业形象在产品上的体现。它的具体体现是产品在设计、开发、研制、流通、使用中形成的统一形象特质，是产品内在的品质形象与产品外在的视觉形象形成统一性的结果。

设计作为人类理性造物的一种活动，创造新物以满足人的需求是其终极目的。设计表达是这一活动的组成部分，设计师把设计表达作为沟通的手段和媒介，目的在于"说服"设计受众接受设计，确保所表达的产品能由虚拟的概念转化为现实的产品，这使得信息的有效传达成为设计表达的价值取向，而视觉语言的形式运用服务或服从于这一目标。

产品的外在视觉特征既是外部构造的承担者，同时又是内在功能的传达者。可通过对材料的运用和加工将造型、色彩、质感等表现出来，不同的材料有不同的质感语意，具备不同的"品格"。不同性质的材料组成的不同结构体现在外部形态上的产品都会呈现出不同的视觉特征，给人不同的视觉感受。从产品自身来讲，体现在外在视觉上的特征主要包括三方面的因素：造型特征、色彩特征、质感特征。

设计师一方面要以产品用户为中心进行设计工作，这时，"用户"即"客户"；另一方面还要对产品品牌负责，这时，"品牌"也是"客户"。所以设计师进行设计定位时要考虑两方面的因素：用户和品牌。

对品牌战略下产品视觉特征的定位是基于产品品质特征的控制，对造型特征、色彩特征、质感特征进行一系列统一的策划、统一的设计，使之能够形成统一而具有识别性的感官形象，满足消费者的个性需求，同时又起到提升、塑造和传播品牌的作用。

设计师通过设计使用户易于理解产品的视觉特征，从而实现产品的认知功能。产品的认知功能是实现产品使用功能和审美功能的前提，只有实现了产品的认知功能，产品的使用功能和审美功能才能实现，产品的诉求才能得到有效的认同。在此基础上的品牌认同和进一步的品牌识别也自然而然地产生，品牌价值得以实现。

3. 品牌定位与产品定位的关系

品牌定位是品牌创建的基础与核心，一个企业必须有一个结构清晰的品牌定位。品牌定位是指在消费者心目中建立企业所期望的形象，即企业通过一定的沟通方式把品牌确定在消费者某一个特定的心智位置上，形成与竞争品牌的特点差异，突出鲜明的品牌特征，从而影响消费者对品牌的态度，增加品牌的价值。

品牌定位完成之后，不能轻易改变和随意变动，定位应该保持稳定性、连续性和持续性。但由于消费者的要求是不断变化的，市场形势变化莫测，一个品牌由于最初定位的失误或者即使最初定位是正确的，但随着市场需求的变化，原来的定位也可能已无法适应新的环境，此时，进行品牌的重新定位就势在必行了。

在品牌策略下的产品定位是指基于顾客的生理和心理需求，为企业的产品及其品牌设计独特的个性和良好的形象，从而使其能在目标消费者心目中占有一个独特的、有价值的位置的行动，或者说是建立一个与目标市场有关的品牌形象的过程与结果。品牌定位是针对产品品牌的，其核心是要打造品牌价值。

从两者的定义来看，产品定位和品牌定位都是对企业及其产品形象的传播。但是，由于定位对象、实质等不同，产品定位和品牌定位也是不同的，同时又由于二者定位的对象、实质之间存在关联，产品定位和品牌定位也是密不可分的。

产品是具体的，是消费者可以通过使用体会到的；而品牌是抽象的，是消费者对产品综合印象的感知。产品是品牌的基础，但不是所有产品都能成为品牌。产品只有通过有效的市场传播，并最终被消费者认可，才能成为品牌。

产品定位的实质就是做产品的差异化，品牌定位的实质就是把这种差异化定位在消费者的头脑中。二者各有侧重但又密不可分：产品定位是品牌定位的依据，成功的产品定位可以支撑品牌定位，提升品牌形象；品牌定位的载体是产品，其核心利益最终要通过产品实现，因此必然包含产品定位于其中，体现产品的核心价值诉求。因此，品牌定位可以赋予产品象征性的意义，更好地诠释产品定位。

成功的产品定位是品牌定位的前提，可以指引品牌定位。同时，成功的品牌定位通过更好地诠释产品核心价值，加强了产品在消费者心智中的定位。认清产品定位和品牌定位及两者的相互作用，可以使企业对自身有更清晰的了解，在竞争激烈的现代社会中更持续地发展壮大。

2.3.5　产品定位案例

　　汽车设计是产品设计范畴中一个较为高端和复杂的设计方向，而概念车设计更是汽车设计中处于领先位置的一个领域。近年来，在全球提倡清洁能源的大背景下，新能源汽车成为汽车行业发展的必然选择。本小节以张月玥、冯收、夏威逸团队的新能源汽车概念设计活动作品为例分析产品定位。

　　在新能源汽车设计类型定位中，将纯电动汽车、氢动力汽车、太阳能与空气动力汽车作为主要探究对象，并在这些车型中大胆创新混合动力车型。在创意点上，由于新能源汽车在技术与材料等多方面与传统汽车不同，所以在外观造型上还有很大的研究空间。迎合概念汽车的设计方法，在视觉效果的表达上可以做到创新。新能源概念汽车的设计由于其独特的动能供应方式，可以在满足结构需求的基础上，对传统的使用方式进行创新，比如车门开启方式等。

　　1. 目标市场定位

　　汽车设计类型不同，适用人群会不一样。纯电动汽车作为一种城市代步工具适用于上班族，而太阳能汽车适用于居住在长时间光照地区的人们，氢动力汽车与空气动力汽车则需要根据其技术来迎合不同人群。同样，混合动力汽车能满足更多人群的所需，无论是城市、乡村还是盆地、高原，混合动力汽车都有更好的技术可能去满足不同的地理环境与道路情况。

　　一般年龄为30~40岁的人群，无论是经济条件还是生活状态都有购置代步工具的能力与需求。这一年龄段居住在一、二线城市的中高薪阶层人群，他们通常拥有一个核心家庭，并且随着驾驶证的普及，这个核心家庭应该会存在多名具备驾驶能力者。

因此，设计者将这样的一群人作为目标人群（表2-6）并对其展开更加深入的研究。

表2-6　目标人群

目标人群	
年龄	30~40岁
职业群体	中高薪阶层
居住地区	一、二线城市
家庭模式	持有多个驾驶证的核心家庭

设计者在目标人群定位的基础上，对这一类人群进行了数据总结与归纳，并综合其生活基本特征，构建了以下三个较为立体的角色模型。以下三个角色模型（表2-7）能够较为全面地反映这一类目标人群的生活方式和心理状态。

表2-7　目标人群信息

姓名	郭彦明	苑士超	李萌
职业	工程师	程序员	银行职员
使用产品的场景	上下班、接送家人、购物	上下班、郊游	上下班、逛街购物
现有交通工具	棕色，标致，3008 SUV	白色，大众，速腾	Minicooper Countryman
对产品的态度	汽车是对生活的一种态度	汽车能带来更美好的生活体验	汽车是生活的必需品
使用产品的目的	提高生活质量，使生活更便捷	使生活更便捷，节省时间	满足生活需要，满足对时尚的追求

姓名	郭彦明	苑士超	李萌
该用户的行为	城市商业区工作，居住在城区二环外，有意再买一辆车给妻子，喜欢跑车和经典造型的车	由于家人喜欢出游，有意换一辆SUV，选择省油轻便，空间足够的经济型	居住郊区，在市中心工作，环保主义者，希望汽车帮助她完成每天的日常行程，汽车能更环保

宝马X1、Minicooper和甲壳虫这三款高销量车相比其他车而言更加贴近本次项目所涉及的目标消费人群和用户所需，它们的外观造型、内部空间与语意表达都能给设计者接下来的设计提供强有力的参考依据。

通过用户调查与问题分析，可以在设计之初寻求到设计机遇（表2-8），通过这样的方式，设计者能更加清楚地了解到用户的所需，从而确定该设计的差异性（表2-9）。最终的目标人群：拥有多名驾驶员的核心家庭，认为购买汽车是家庭所需的新的生活方式，具有养护汽车的基本经济能力。

表2-8 设计机遇

设计机遇	
1	提高生活质量与趣味性
2	需要额外的出行工具
3	提升能源价格和环境效益的决定
4	解决停车空间不足的问题
5	寻求一种更人性化的供能方式

表 2-9 QUICK 分析

QUICK 分析				
Quality 品质	时尚	身份的象征	舒适	沉稳
Unique 独特	便捷	人性化	环保	气势
International 国际	趋势	市场	消费者	创新
Contradictory 反叛	使用空间	接受程度	操作方式	成本
Knowledgeable 实力	材质	技术	供能	燃料

2. 产品定位

（1）功能定位。

在目标人群定位的基础上，通过一系列的头脑风暴与客户旅程地图法（customer journey map）的构建，找到用户所需。目标群体渴望的是一种低能耗、低成本，满足日常使用需求，能够尽可能地解决一车多使用者的问题，还能给用户带来全新的视觉体验与驾驶愉悦的车辆。因此，这辆车应具备良好的驾驶体验，满足多个驾驶者需求并拥有一套较为完善的持续供能装备。

这辆新能源汽车具备长途自驾游的长时间持续供能的能力。它不仅仅只有一套供能系统，除了混合动力的结构支持，它的电能供能装置甚至可以像普通手机一样根据所需更换备用电池。而它配置的这套备用电池又可以轻松地放进后备厢里并能够再通过太阳能对其进行充电。

除此之外，这辆车同样能满足一个核心家庭多名驾驶员的需要。随着汽车的逐步增多与房价的递增，停车空间是每个家庭所苦恼的问题。所以，这辆汽车可以通过拆分来实现"一分为二"，满足多名驾驶员的需求，但在停车组合状态下又只会占用一辆车的空间。

（2）造型定位。

30~40岁这一群体，他们除了具有历代年轻人共有的朝气蓬勃、敢想敢干、勇于创新、思想进步外，因为科学在进步，社会在发展，特别是已经进入信息化时代的今天，这一群体的年轻人使用的是过去年轻人所没有的先进通信工具和现代化的交流手段，他们在成长过程中接收到的知识与信息也与过去的人无法同日而语。因此，他们对生活的要求与视觉的体验更加渴望与苛刻。汽车的造型也从一定意义上是其功能的一个象征，造型不同，它们的适用性也不一样。因此设计者结合目标人群的视觉需求与功能需求，认为该车的造型应该是能满足核心家庭的SUV，并集多样化的时尚元素于一身。

新能源概念汽车要比传统意义上的汽车更加亲近自然。无论是环保能源供给还是外观造型，它都应该给用户一种返璞归真的感觉。因此，设计者在设计初期结合仿生设计的特点，从最基本的外形着手进行了多方案设计。

设计者在色彩分析过程中发现渐变配色是一种色彩创意趋势，亮丽的彩色系搭配材质本身的色彩，能够带给人更多的愉快与活力。

汽车是由多种材质的部件结合于一体的，在材料的要求上尽量做到保证安全性能的同时减轻自重。设计者认为新能源汽车应选用更加完美的新型材质，并且能为其提供更少的空气阻力和更坚固的外壳。

3. 设计方案

该汽车设计定位为混合能源汽车，采用太阳能与纯电能两种能源混合的方式供能。太阳能电池位于汽车顶棚部分，作为辅助能源。主要以纯电能为主供能单位，进行全车布置。同时，设计方案为前后可拆分式，前后各布置了储电量不一的锂电池组，并分别配置了充电器和电池智能控制芯片。前后两个部分各有两组电动机。前车部分还搭配了涡轮喷气发动机，作为前车部分的两轮汽车行驶的主要推进装置。全车重量分布平均，动力分配合理，在未启用涡轮喷气发动机时，前后动力基本一致。由于两块智能电池控制芯片的存在，前后部分电机能够进行自适应性动态平衡，保证全车在行驶过程中的驾驶安全，即使其中某一个轮子出现故障也不会因此出现严重的侧翻。

整车能在单人模式（single）与家庭模式（family）这两种模式中切换。在单人模式下，也会在很多场合需要一个额外的座位空间，因此，前车部分布置双人座椅；在家庭模式下，设计者考虑到该车将会需要很大的载人空间，因此设置了三人座椅，并为电池组和后备厢留出了充足的空间（图2-11）。全车前后轮距综合了已上市的SUV车型尺寸，保证在家庭模式下，乘坐的人能够拥有最舒适的乘坐空间（图2-12），同时考虑到亚洲人的体型尺寸，对这个数值已进行了微调。

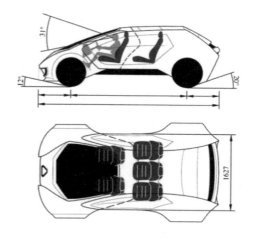

图2-11　座位布置图

图 2-12　汽车设计效果图（张月玥、冯收、夏威逸）[①]

2.4
产品造型设计

2.4.1　造型设计概念

　　产品造型设计，是随着社会的发展、科学技术的进步和人类进入现代生活而发展起来的一门新兴学科。它以材料、结构、功能、外观造型、色彩以及人机系统协调关系等为主要研究内容，是工业设计专业的重要组成部分。产品造型设计最初产生于把美学应用于技术领域这一实践之中，是技术与艺术相结合而产生的一门边缘学科。技术主要追求功能美，艺术主要追求形式美。技术改变着人类的物质世界，艺术影响着人类的感情世界，而物质

---

① 李洋．产品设计程序与方法［M］．重庆：西南师范大学出版社，2019.

和感情也正是人类自身的两面。因此，产品造型设计并不仅仅是工程设计、结构设计，它同时承载着功能价值、美学价值、人性价值等因素，是一种创造性的系统思维与实践活动。

随着对工业造型设计研究的不断深入，无论是其理论体系还是实践范畴都得到了飞速的发展，而且其应用范围也越来越广泛。进入 21 世纪，人们对于产品造型设计的思考更为深刻，产品造型设计的对象不只是具体的产品，它的范围被扩大和延伸了，对工业社会中任一具体的或抽象的、大的或小的对象的设计和规划都可称为工业设计。设计不仅是一种技术，还是一种文化。同时，设计是一种创造行为，是"创造一种更为合理的生存（生活）方式"。"更为合理"的含义很广，它包括：更舒适、更方便、更快捷、更环保、更经济、更有益等。

产品造型设计所涉及的产品的范围包括我们人类生活的各个方面，它是对所有的产品设计的总称，既包括人们每天都要接触的日用工业产品，也包括生产这些产品所需要的机械产品和用具等。同时还包含产品设计的"软设计"，如产品的包装设计、形象设计与操作界面设计等。这一设计范畴已有了足够广泛的应用空间，小至一个钉子、别针，大至喷气飞机、宇宙飞船、万吨巨轮等的设计与制造，都属于产品设计的范畴。

简而言之，产品造型设计是涉及工程技术、人机工程学、价值工程、可靠性设计、生理学、心理学、美学、市场营销学、CAD 等领域的综合性学科，它是技术与艺术的和谐统一，是功能与形式的和谐统一，是人－机－环境－社会的和谐统一。

2.4.2 产品设计的基本组成要素及相互关系

产品的功能、造型、物质技术条件这三方面因素是构成工业设计的基本要素，这三者是有机结合在一起的，其中功能是产品设计的目的，造型是产品功能的具体表现形式，物质技术条件是实现设计的基础。

1. 产品功能

功能是指产品所具有的某种特定功效和性能。工业产品都包含着物质功能、精神功能。其中物质功能是产品的基本方面，物质功能是指以产品的技术含量为保证，对产品的结构和造型起着主导性的作用，也是造型的出发点。精神功能则是物质功能的重要补充，并通过产品的造型设计予以体现。产品的物质功能包括产品的技术功能、实用功能和环境功能。技术功能是指产品本身所具备的结构性能、工作效率、工作精度以及可靠性和有效度；实用功能指人在使用产品的过程中，产品所具有的使用合理、安全可靠、舒适方便等宜人性因素，强调产品具有人－机－环境的协调性能；环境功能是指对人和放置产品的场所的影响。产品的精神功能包括审美功能、象征功能和教育功能。审美功能是指产品的造型形象通过人的感官传递给人的一种心理感受，影响人们的思想并陶冶人们的情操；象征功能是指产品造型形象所代表的时代特征以及显示一定意义的作用；教育产品功能是一个由抽象的概念到具体形象化的处理过程，通过文字或图像等方式将我们策划和规划的教育产品需求展现出来。它是将教育产品的某种目的或需求转换为一个具体的服务或工具的过程，把一种计划、规划设想、问题解决的方法，通过具体的操作，以理想的形式表达出来。（图 2-13 ）。

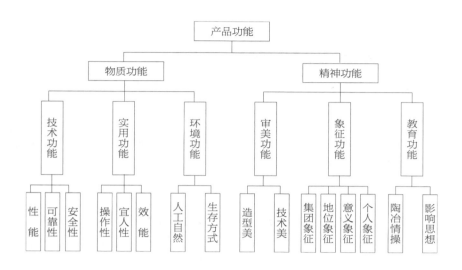

图 2-13　产品功能系统

下面对这些功能分别加以阐述。

（1）技术功能。

从设计的角度而言，设计的对象是产品，目的是满足人的需要，而不是产品本身。产品通过与环境的相互作用对人发挥效用，功能是产品设计的核心，是对人的生理的一种强化、延伸和替代。技术作为物质生产的手段，其形成和发展必然与物质生产的发展相平行。一般来说，技术为功能的实现提供了基础，功能为技术的发展开拓了思路。也就是说，产品功能必须依靠现有的技术条件才能得以实现，如果技术条件不能满足，功能即是空谈。另一方面，技术的发展和创新需要功能上的启示，因为功能体现了人对产品的不断需求。二者之间是相互促进、共同发展的。

（2）实用功能。

对产品而言，实用功能就是产品的具体用途，也可以把实用功能理解为作用、效用、效能，即一个产品是干什么用的。例如笔的功能是写字、电饭煲的功能是蒸饭或煲汤、手机的功能是通信等。产品的实用功能是以一定的物理形态表现出来的，它是构成产品的重要基础。产品存在的目的是供人们使用，为了达到满足人们使用的要求，产品的形态设计就必定要依附于对某种机能的发挥和符合人们实际操作等要求。如电冰箱的设计，由于要求有冷藏食物的功能及放置压缩机和制冷系统的要求，其产品造型绝不会设计得像洗衣机那样。一些必须用手来操作的产品，其把手或手握部分必须符合人用手操作的要求。随着科学技术水平的不断发展，人们对产品的功能提出了更高的要求，由过去的一种产品一般只具有一种功能，变为一种产品可以具有两种或多种功能，例如手机的功能，已不仅仅用来通话，还可以用来听音乐、看视频、计时、计算、上网等。但是，产品的功能也不能任意扩大，因为功能过多就必定会造成利用率低、结构复杂、成本上升、维修困难等问题。因此，在产品设计中，一定要掌握和处理好产品与人们的实用特性之间的关系，有效地利用在各种环境中个别的或综合的作用，以便把产品的实用特性恰当地反映在产品设计上，使产品更正确、安全和舒适，更有效地为人服务。图2-14 所示产品为多功能料理机，不仅能制作豆浆，还有加工新鲜的果汁及研磨功能等。

图 2-14　多功能料理机

（3）环境功能。

环境功能是指对人及放置产品（机器等）的场所的影响，周围环境条件在人和产品方面所发生的作用，其中物理要素是环境功能的主体。产品设计中环境因素也非常重要，环境的因素包括产品对使用环境的影响和对自然环境的影响。注意生态平衡，保护环境是设计发展的方向。例如，在机车设计中要考虑路面、风景、气候、震动等对于车体的影响和作用，同时还须考虑机车的废气排放、噪声、速度、流量等对环境的影响，以及车身回收处理和材料再利用等要求。图 2-15 所示为 ALSTOM 公司生产的火车。

　　应特别强调指出：在赋予工业产品实用功能时，必须为人类创造良好的物质生活环境。随着社会的发展，工业产品设计应满足"产品－人－环境－社会"的统一协调越来越显其重要性。世界各地越来越多地生产汽车、电冰箱，给人类带来更多便利的同时却造成了大气污染、臭氧层的破坏，这些教训必须认真吸取。工业产品设计必须符合可持续发展的战略，"绿色设计"的提出与实施，即是时代的需要。

图 2-15　ALSTOM 公司生产的火车

（4）审美功能。

　　审美功能是指产品的精神属性，它是指产品外部造型通过人们的视觉传递给人的一种心理感受。美感来源于人的感觉，它部分是感情，部分是智力和认知。工业产品的美不是孤立存在的，它是由产品的形态、色彩、材质、结构等很多因素综合构成的，它具有独特的形式、社会文化和时代特征。随着社会的发展及物质的高度文明，人们对产品的审美功能要求也越来越高。产品的审美功能特点是通过人的使用与视觉体现出来的，因而产品功能的发挥不仅取决于它本身的性能，还取决于它的造型设计是否优美，是否符合人机工程学、工程心理学方面的要求。要力求设计的产品使操作者感到舒适、安全、方便、省力，能提高工作效率，延长产品的使用寿命。此外，由于产品使用者之间在社会、文化、职业、年龄、性别、爱好及志趣等方面的不同，必然形成对产品形态审美方面的差异。因此，在设计一种产品时，即使它具有同一功能，也要求在造型上多样化，设计师应利用产品的特有造型来表达出产品不同的审美特征（图2-16）。

图2-16　Alessi（阿莱西）的经典工业设计产品

产品中的美学特征并非是孤立存在的，它是产品的功能、材料、结构、形式、比例、色彩等要素的有机统一。

（5）象征功能。

由于教育、职业、经济、消费、居住及使用产品的条件等的差别，形成了一定的社会阶层。同时人们都希望自己的地位得到承认并向上一级迈进。地位，不仅是人在社会中的位置，而且还包含某种价值观念。在日常生活中，各社会阶层的人总是以其行为、言谈、衣着、消费及象征物的使用来显示其身份或地位特征。产品的外观造型设计风格可以把拥有者和使用者的性格、情趣、爱好等特征传达给他人。比如，一个人喜欢一款运动型风格的多功能手表，我们就可以知道他爱好户外活动、具有青春活力；拥有劳斯莱斯汽车，大多时候是一个人拥有财富的象征。这些产品的档次和价值都是通过其外观造型的设计风格体现出来的，因此，设计师在产品设计的过程中需通过深入的调查和分析，真正了解和掌握各消费层次的不同心理特征和他们的社会价值观念，恰当地运用设计语言和象征功能，创造出象征人们地位上升的产品，以满足不同层次消费者对产品的心理需求。

（6）教育功能。

教育产品设计阶段要全面确定整个教育产品策略、架构、功能、形象，从而确定整个教育产品系统的布局，因此教育产品设计具有"牵一发而动全局"的重要意义。如果一个教育产品的设计缺乏具体形象的表述，那么研发时就将耗费大量资源和劳动力来调整以适应需求。相反，好的教育产品设计，不仅表现在架构和功能上有优越性，而且便于执行时理解，从而使教育产品的研发效率得以提高。

2. 造型

工业产品是由形态、色彩、材质诸元素构成的。造型就是指产品表现出来的形式，是产品为了实现其所要达到的目的所采取的结构形式，既具备了特定功能的产品实体形态，又反映了产品的思想内容。

产品的艺术造型是产品设计的最终体现。通过产品艺术造型，能使消费者了解到产品的具体内容，如产品的使用功能、使用对象、操作方式、使用环境及美学、文化价值等。

构成产品造型的元素很多，这些元素都是借助产品的功能、材料、结构、机构、技术和美学等要素体现出来的。过去把产品的造型仅仅看作美学在产品上的反映是片面的。另外，把美学与产品的功能、物质技术条件孤立起来看也是错误的。产品造型设计的美与纯艺术的美有着不同的原则，艺术美是一种纯自然的美，它可以是自然生成的，也可以是由艺术家的灵感而产生的。艺术美只要被少数知音所理解，就可以视为成功。设计美则必须满足某一特定人群的需要。随着社会的进步、科学技术的发展以及人们视觉审美素质的提高，人们对设计美的概念有了新的认识。设计美不再是在别人已经完成的产品上面画蛇添足地加以美化和点缀来装饰，或者只是纯视觉形式上的花样翻新，它是美学形态与产品功能结构的完美结合。

从产品造型的整体上看，产品的功能、物质技术条件和美学之间有着十分密切的内在关系。它们之间相辅相成，互为补充。对一个产品而言，功能的开发或体现必定要通过对某些材料或结构的选定。一种新材料的选用，往往能引发起某种新的产品结构形式的形成，而新材料、新结构又会以其科学、合理的物理特性和精神特性，形成其独有的美学形式，并通过适当的比例和和谐的色彩等所构成的特有形式使产品的功能发挥得更趋贴切、合理。事实上，结构合理、满足功能的产品通常都是美的。美与生俱来就是与产品的形态结构和功能联系在一起的。因此，对上述要素进行综合的、科学合理的创新运用，必定会给产品造型的创新注入新的活力。

3. 物质技术条件

产品采用不同的制造技术、材料的加工手段，决定着工业产品具有不同的特征和相貌，这方面的因素人们把它叫作"物质技术条件"。物质技术条件是产品得以成为现实的物质基础，功能的实现要靠正确地选择构成产品的材料。它随着科学技术和工艺水平的不断发展而提高。

（1）材料。

造型离不开材料，因此材料是实现造型的最基本物质条件。它给产品造型以制约，同时又给它以推动。以新材料、新技术引导而发展的新产品，往往在形式与功能上给人以全新的感觉。人类在造物活动中，不仅创造了器物，而且积累了利用材料的方法和经验。随着材料科学的发展，各种新材料层出不穷，并且发生着日新月异的变化，这些都为人类造物创造了更加广阔的天地。如塑料材料的发明与注塑技术的成熟，导致了新一代塑料制品的出现。对材料的熟练掌握是一位合格设计师应具备的职业素质之一，了解材料并合理地使用材料将成为其设计过程中一个极其重要的环节。

实践证明，若材料不同，其加工工艺不同，结构式样不同，所得到的外观艺术效果也不尽相同（图2-17）。另一方面，因为人们的经历、生活环境及地区、文化和修养、民族属性及习惯的不同，对材料的生理感受和心理感觉是不完全相同的，所以对感觉物性只能做出相对的判断和评价。因此，一个好的工业产品设计必然要全面地衡量这些因素，科学合理地选择材料，抓住人的活动规律与特点，从而最佳程度地发挥材料的物理特征与精神特征。

图 2-17　Alessi（阿莱西）的经典工业设计产品

（2）结构。

如果说功能是系统与环境的外部联系，那么结构就是系统内部诸要素的联系。功能是产品设计的目的，而结构是产品功能的承担者，又是形式的承担者，因此产品结构决定产品功能的实现。产品的高性能、多功能依靠科学合理的结构方式来实现。有时当产品的功能相同而结构不同时，其造型的形态也不同。产品的结构是构成产品外视形态的重要因素，在结构设计中要使产品的结构与外观形态进行很好地结合，尤其是有些产品的外形本身就是结构的重要组成部分。

另外，在产品设计中，结构的形式除了满足和实现产品的功能外，它和所选用的材料也是密切相关的。结构会受到材料和工艺的制约，不同材料与加工能实现的结构方式也会有所不同。如一个供工作或学习用的台灯，就包含了一定的结构内容。台灯如何平稳地放在桌面上，灯座与灯架如何连接，灯罩如何固定，如何更换灯泡，如何连接电源开关等，这些问题都涉及产品的结构。可见，产品功能要借助某种结构形式才能实现。因此不少新的产品结构是伴随着人们对材料特性的逐步认识和不断应用发展起来的。图2-18所示为CD播放器，精确的结构设计彰显着工业产品的优良品质。

从原始社会人类使用的石刀、石斧、陶罐、陶盆到当今社会人们使用的各种工具、机械、家用电器等，产品的造型与结构已发生了根本性的变化，而这些变化无不和人类对产品功能开发和新材料的创新、应用密切相关。总之，产品结构与产品的功能、材料、技术和产品形态之间有着十分紧密的内在联系，它是产品构成中一个不可缺少的重要因素，因此，设计师必须考虑产品造型对人的生理和心理的影响，操作时的舒适、安全、省力和高效已成为产品结构和造型设计科学和合理的标志。

图 2-18　CD 播放器

（3）机构。

机构是实现产品功能的重要技术条件。通过一定的机构作用，产品的功能用途才能获得充分的发挥和利用。例如，汽车或自行车，离开了它们的传动机构，也就失去了作为"交通"这一主要的功能目的。

产品机构的设计，一般属于工程设计的范畴。但由于机构是产品构成中的一个重要因素，从产品设计的角度看，机构与产品设计有着十分紧密的内在联系。机构除了实现或满足产品的使用功能外，机构的创新与利用也直接影响到产品的外部形态。图 2-19 所示为环形折叠自行车设计。我们可以从一些机械产品发展到电器、电子产品的过程中明显地感受到这一点。从更广的角度看，机构还涉及能源的消耗与利用、环境污染及产品的可持续发展等问题。因此，作为工业设计师，必须深刻理解机构与产品设计的关系，懂得和理解有关专业部门提供的有关机构方面的资料，以便为进行更深层次的设计打下良好的基础。

图 2-19　折叠自行车

（4）生产技术与加工工艺。

生产技术与加工工艺是产品设计从图纸变成现实的技术条件，是解决产品设计中物与物之间的关系，如产品的结构、构造，各零部件之间的配合，机器的工作效率、使用寿命等问题。产品设计必然要和生产技术条件联系起来。换言之，只有符合生产技术条件的设计才具有一定的可行性。工艺方法对外观造型影响很大，相同的材料和同样的功能要求，若采用不同的工艺方法，所获得的外观质量和艺术效果也是不相同的（图2-20）。从某种意义上说，工艺水平的高低也就是造型设计水平的高低。此外，一个企业的生产技术与加工工艺水平，最终将在产品形态中得到全面的体现。落后的生产技术和加工工艺不仅会降低产品的内在质量，同时也会损害产品的外在形象。外观造型的安全性、符合生产工艺和批量生产的要求也是设计中必须认真解决的问题。因此，产品的生产技术与加工工艺是达到设计质量的重要保证。

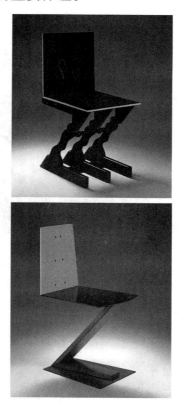

图 2-20 贝内特（Carry Konx Bennett）设计的 Z 椅

在今天，科学技术飞速发展，生产技术与加工工艺正发生着日新月异的变化，因此作为设计师必须关注新技术的发展动向，使设计的产品在符合生产可行性的前提下，具有科学性和先进性。

（5）经济状况。

产品要加工制造，必定要耗用一定的人力、物力、财力和时间，力求以较少的投入，获得更大的产出。往往经济性制约着造型方案的选用、加工方法的选择以及面饰的采纳。

4. 三要素的关系

产品的三要素同时存在于一件产品中，它们之间有着相互依存、相互制约以及相互渗透的关系。其中，功能是产品的主要因素，起主导和决定性作用，是使用者必需的；造型是体现产品功能的具体形式，要依赖于物质技术条件的保证来实现；物质技术条件是实现产品功能和造型的基础和保障。物质技术条件不仅要根据物质功能所引导的方向来发展，而且它还受产品经济性的制约。

产品的功能决定着产品的形态和造型手段，不同类型的产品面貌千差万别的原因所在，就是其功能的差异，导致造型的不同。但产品的造型与功能又有其统一性，同一产品的功能往往与其造型有着相应的关系，可以采取多种形态相对应。例如各种钟表的造型，只要求它们能反映和体现出其功能，并符合其功能要求就可以了，所以同类的产品在其造型上会有不同的差异性。这种功能与造型之间的不确定关系，不仅为产品造型设计提供了多种多样的可能性，也决定了设计的主动性。但是需要强调的是：任何一种造型都应该有利于功能的发挥和完善，否则会使产品造型设计变成一种纯粹的式样设计。功能决定"原则形象"，内容决定

"原则形式"，这是现代设计的一个基本原理。设计师在任何时候都要了解自己设计的产品功能所包含的内容，并使造型适应它、表现它。造型本身也是一种能动因素，具有相对的独立价值，它在一定条件下会促进产品功能的改善，起到催化剂的作用。

物质技术条件是实现产品功能与造型的根本条件，也是构成产品功能与造型的中介要素。材料本身的质感、加工工艺水平的高低都直接影响造型的形式美。材料和结构之间存在着比较确定的关系，而结构与功能之间却是一种不确定的关系，所以材料与功能之间也具有不确定的关系。因此，为了实现同一功能，人们可以选择多种材料，而每一种材料都可以形成合理结构，并实现为所要达到的功能而相应产生的造型形式。例如，用不同的木材、金属等材料制成的产品——椅子，虽然它们的材料、结构和造型不同，但都可以实现同样的"坐"的功能，正是这种功能、造型和材料之间的不确定关系，形成了形态各异的椅子造型。然而不同的材料有着不同的特性和结构特征，必须通过各种加工手段来完成实现产品造型，所以，制造技术同样制约着产品的功能与形态。

功能和技术条件是在具体产品中完全融为一体的。造型艺术尽管存在着少量的以装饰为目的的内容，但事实上它往往受到功能的制约。因为功能直接决定产品的基本构造，而产品的基本构造又给造型一定的约束，同时又给造型艺术提供发挥的可能性。物质技术条件与造型艺术休戚相关，因为材料本身的质感、加工工艺水平的高低都直接影响造型的形式美。尽管造型艺术受到产品功能和物质技术条件的制约，造型设计者仍可在同样功能和同样物质技术条件下，以新颖的结构方式和造型手段，创造出美观别致的产品外观样式。

总之，产品设计的物质功能、物质技术条件和造型艺术三者之间是相互依存、相互制约又相互统一的辩证关系。除了上述三个基本要素之外，还有使用环境这一重要因素。因为任何产品都是其环境中的一个构成因素，必须考虑产品在环境中的作用，研究其功能、造型、材料等因素是否与使用环境协调统一。要有人－机－环境和谐的整体观念，才能使工业设计变为创造人类美好生活的一种活动，使工业产品真正地满足人们的物质需求和精神需求。

2.4.3 产品造型设计的特征

产品造型设计与其他艺术设计都具有一定的审美功能，因此它们都有着一定的内在联系，且这种联系发生在工业产品造型设计所从属的技术美学与其他艺术所从属的艺术美学之间的共同点上。由于工业产品造型设计具有强烈的科技性，因此又具有自身的特性。

①产品造型设计可以通过以不同的物质材料和工艺手段所构成的点、线、面、体空间、色彩等造型元素，构成对比、韵律等形式美，以表现出产品本身的内容，使人产生一定的心理感受，如图 2-21 所示。

②产品造型设计是以科学与艺术相结合为理论基础的，它不同于传统的产品设计。从产品造型的角度看，设计构思不仅要从一定的技术、经济要求出发，而且要充分调动设计师的审美经验和艺术灵感，从产品与人的感受和活动的协调中确定产品功能结构与形式的统一。也就是说，产品造型设计必须把满足物质功能需要的实用性与满足精神功能需要的审美性完美地结合起来，在具有实用功能的同时，又具有艺术的感染力，满足人们的审美要

求，使人产生愉快、兴奋、安宁、舒适等感觉。能满足人们的审美需要，并考虑其社会效益，它"既是艺术的，又是科学的一个部门"，这就构成了产品设计学科的科学与艺术相结合的双重性特征。

图 2-21　天鹅椅
设计师：雅各布森（Arne Jocabsen）

③产品造型设计是产品的科学性、实用性和艺术性完善的结合，是功能技术和艺术创作完美结合的结果。产品造型的创作活动，需要多专业、多工种甚至多学科的相互协同合作，同时受功能、物质和经济等条件的制约。产品造型设计不同于一般的艺术，它是在强调产品具有实用性和科学性的前提条件下，才系统地考虑产品的艺术性，具有科学的实用性，才能体现产品的物质功能，而具有艺术化的实用性，才真正体现出产品的精神功能，产品具有实用性，它才能被消费者接受，才有市场。

④产品造型具有较强的时代感和时尚性的特征。造型设计要反映时代的艺术特征，概括时代精神，体现当代的审美要求，把现代科学的飞速发展同艺术的现代化有机地联系起来，反映出时代感。

⑤任何产品都是供人使用的。所以，产品制造出来后必须让人在使用过程中感到操作方便、安全、舒适、可靠，并能使人感到人与机器协调一致，这就要求在产品设计构思过程中，除了从物质功能角度考虑其结构合理、性能良好，从精神功能角度考虑其形态新颖、色彩协调等因素外，还应从使用功能的角度考虑其操作方便、舒适宜人（图2-22）。因为产品性能指标的实现只能说明该产品具备了某种潜在效能，而这种潜在效能的发挥是要靠人的合理操作才能实现，产品设计应该运用人机工程学的研究成果，合理地运用人机系统设计参数，设计中应充分考虑人机协调关系，为人们创造出舒适的工作环境和良好的劳动条件，为提高系统综合使用效能和使用舒适性服务。

图 2-22　可爱图钉产品

⑥一般来说，产品的功能价值及经济性是制约和衡量产品设计的综合性指标之一，要达到合理的经济性指标，就要进行功能价值分析，保证功能合理。例如，手表的基本功能是计时，至于防水、防磁、防误、夜光、日历、计算器等功能要素则是为了某种需要加上去的辅助功能。辅助功能的添加必须综合考虑销售地区消费人员的文化层次、兴趣爱好、经济水平等因素。若从产品的经济性与时尚性的关系上讲，则有产品的物质老化与精神老化、有形损耗和无形损耗等一系列问题。产品的精神老化和无形损耗会在产品价值和寿命上起着相当重要的作用。所以，产品设计应当考虑物质老化和精神老化相适应，有形损耗和无形损耗相同步，实用、经济、美观相结合等问题，只有这样，才能达到以最少的人力、物力、财力和时间而收到最大的经济效益，获得较强的市场竞争力。

产品造型设计的以上特征，在不同的产品设计中都应得到不同的反映，这些特征在设计中的体现有时是隐含的，有时却是显现的，而这些表现就是人们常说的设计水平的高低，这种水平往往难以量化，就使得产品设计变化无穷，这就是工业产品造型设计的魅力所在。

2.5
产品模型制作

模型制作是产品设计后期的工作，这项工作非常关键，并且具有一定的难度。它是将方案转向实际生产不可缺少的一步，而且也是展示设计所必需的。通过模型的制作，人们可以更直接地了解设计；通过模型制作，才能使设计的不足在批量生产前及时被发现，以免带来不必要的经济损失。它以某种材料立体化、直观地展示出产品的外观、尺寸、人机关系、结构、功能、色彩、材质、肌理等符号特征。它是表达设计创意、修正产品设计的一种表现手法，也是展示产品设计、验证产品设计的一种立体形式，还是设计师与技术人员交流研讨的实物依据。

2.5.1　模型制作工具

制作产品设计模型时所使用的工具是综合性的，它包括度量工具、钳工工具、电工工具、木工工具、雕塑工具及美工工具等。除电动工具以外，以上工具在制作模型时统称为手工工具。

（1）量具。

在模型制作过程中，用来测量模型材料尺寸、角度的工具称为量具。常用的量具有直尺、卷尺、直角尺（可分为木工直角尺、组合角尺、宽座角尺）、卡钳（分为无表卡钳和有表卡钳）、游标卡尺、高度游标卡尺、万能角度尺、水平尺、厚薄规等。

（2）划线工具。

根据图纸或实物的几何形状尺寸，在待加工模型工件表面上划出加工界线的工具称为划线工具。划线工具主要有划针、划规、划线盘、划线平台、方箱、Ｖ形铁、千斤顶、样冲等。

（3）切割工具。

用金属刃口或锯齿，分割模型材料或工件的加工方法称为切割，完成切割加工的工具称为切割工具。主要有多用刀、勾刀、线锯、钢锯、小钢锯、木框锯、板锯、圆规锯、管子割刀、割圆刀等。

（4）锉削工具。

用锉刀在模型工件表面上去除少量物质，使其达到所要求的尺寸、形状、位置和表面粗糙度的加工方法叫锉削。完成锉削加工的工具称锉削工具，主要有钢锉、整形锉、木锉等（图2-23）。

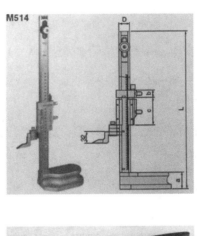

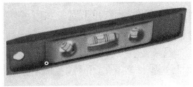

图2-23 工具

2.5.2　模型制作分类

产品从设计构思到推向市场，需要设计师通过不同的模型来表现设计意图、完善设计方案、说服客户。模型的种类很多，可按照用途、制作材料、加工工艺、制作比例、表现范畴等进行分类。

1. 按用途分类

模型按用途分类，可分为研讨型模型、展示模型、结构模型、功能实验模型与样机模型。

（1）研讨型模型。

研讨型模型又称草模、构思模型，是产品设计初期阶段的一种重要的设计表现形式。它是根据设计构思过程中所画的设计草图、概念性的方案制作出来的模型，是设计构思、设计草图的一种立体表现形式，一般也称为概念模型或推敲模型。由于设计草图不可能解决模型上很多具体的问题，如大的形态处理，各部分之间的比例、结构、空间关系等，所以还必须制作设计模型，进一步进行设计、调整和分析。实际上研讨型模型的制作是产品设计初期的一个重要步骤，如果初期的方案没有选好，对后期的设计过程影响是非常巨大的。

研讨型模型的制作也是对设计草图的进一步推敲，它可以把脑海中的形象快速、直观地表现出来，可以弥补草图或平面设计的不足。

研讨型模型的制作材料，一般选用油泥（橡皮泥）、黏土、泡沫板和纸板等，如图 2-24、图 2-25 所示。研讨型模型具有加工制作容易、可以反复进行修改的特点。一般设计人员可结合设计草图进行设计，在方案论证时制作出预想的形态来，通过模型对方案进行反复推敲和修改，直到满意为止。

图 2-24 泡沫研讨型模型

图 2-25 油泥研讨型模型

研讨型模型主要表现的是形态，对细节或局部尺寸不要求非常精细，因此具有成型快速、简洁、大方等特点。

（2）展示模型。

展示模型也称外观模型。它具有外观逼真、色彩和谐、比例尺寸精确等特点。它一般和产品效果图、三视图作为一个完整的设计出现，具有很强的展示性与视觉冲击力，同时也具有广告的功能。展示模型是模拟产品真实形态、色彩、质感等设计制作的外观模型，为下一步开模具提供了立体形象，是产品造型设计最直观、最立体的体现。同时，也为设计者进一步修改完善产品提供了条件，为产品开发的定案论证提供实物依据。

展示模型所用材料一般以塑料板材、油泥等为主，如图2-26
所示。展示模型的表面涂饰应采用喷漆、装饰等工艺，外观应具
有逼真、装饰性强的效果。

图2-26　交通工具油泥模型

（3）结构模型。

结构模型是用来研究产品造型与结构关系的。这类模型要求
将产品各构件的造型、内部结构、外部结构、连接结构、配合方
式、形状尺寸、位置尺寸、过渡形式等清晰地表现出来。

结构模型的制作通常选用与产品使用的材料相同或接近，但
不影响结构表现的材料，其精度要求高，制作难度大，构件的强
度、刚度、尺寸要求与实际产品一致或非常接近，通常对表面肌
理、色彩、装饰、文字等不做过多的要求。结构模型方便设计师
与工艺结构工程师进行交流、评估，设计师通过与工艺结构工程
师讨论，对模型进行修正。因此，结构模型有利于设计师和工艺
结构工程师理解产品结构，从而提高结构设计和工艺设计等的效
率。同时还可以防止出现工艺结构的纰漏，如零部件干涉，大构
件强度不足引起的变形，尖细形零件应力集中产生的变形，材料
收缩导致无法装配或不便装配等。

（4）功能实验模型。

功能实验模型是在展示模型制作完成后，开模具前制作的模型。它主要用来表现、研究产品的形态与结构，产品的各种构造性能、物理性能、机械性能以及人机关系等，同时可作为分析、检验产品的依据。功能实验模型的各部分组件的尺寸与结构上的相互配合关系，都要严格按照设计要求进行确定。然后在一定条件下做各种试验，并测出必要的数据作为后续设计的依据。

（5）样机模型。

样机模型是产品正式批量生产之前，在产品的功能结构、材料、形态、色彩、文字标识符号及涂装工艺、内在性能、外在质感都已经确定，各项指标都已符合生产技术及工艺要求的情况下运用各种方式制作而成的"单件产品"。之所以称为"单件产品"，是因为样机模型的各个零部件的加工精度和表面的色彩、质感、肌理都要达到真实产品的要求。因此其制作成本费用是很高的。样机模型可作为产品样品进行展示，是模型制作的高级阶段。

2. 按制作材料分类

模型按制作材料分类，可分为纸质模型、木质模型、油泥模型、泡沫塑料模型、ABS 塑料模型、石膏模型、玻璃钢模型、金属材料模型等。

（1）纸质模型。

纸质材料有硬纸板、黄板纸、卡纸、铜版纸、吹塑纸、进口美术用纸等（图 2-27、图 2-28），一般用于家具模型制作。纸质模型的优点是取材容易、价格低廉、易成型、质量轻。纸质模型的缺点是怕压、怕潮湿、易变形；如果模型较大，易变形，模型内部要做支撑骨架防止变形；着色效果一般，表面精细度不够。

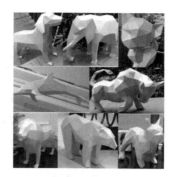

图 2-27　动物纸质模型

图 2-28　瓦楞纸模型

图2-29 木质模型

（2）木质模型。

木质模型选材广泛，一般选取材质软、带韧性、纹理较细、易加工、变形小、木节少的木质材料（图2-29）。木质模型的优点是质轻、强度高、不易变形、涂饰方便。木质材料宜用来做较大模型。木质模型的缺点是费工、成本高、易受温度与湿度影响、不易修改与填补。

（3）油泥模型。

油泥模型一般采用工业油泥制作，适用于大部分形体。油泥在制作交通工具模型与家电模型中应用较多（图2-30）。油泥模型的优点是可塑性好、修改方便、可回收利用、易取材、价格低廉。油泥模型的缺点是不易保存、油泥干后易变形开裂。

图 2-30　油泥模型

（4）泡沫塑料模型。

　　泡沫塑料宜用于制作形状不太复杂，形体较大、较规整的模型（图 2-31）。常用电热切割器进行切割处理。泡沫塑料模型的优点是质量轻、易成型、不变形、易取材、价格低廉、易保存。泡沫塑料模型的缺点是怕碰，不易细致加工，不易修改，不能直接着色，遇酸、碱易被腐蚀，须做隔离层处理，如涂刷虫胶清漆。

图 2-31　泡沫塑料模型

（5）ABS 塑料模型。

在产品塑料模型中，ABS 塑料和有机玻璃是最常用的材料，可制作交通工具、电视机、显示器、电话机等模型（图 2-32）。

图 2-32　ABS 塑料模型

图 2-33　石膏模型

（6）石膏模型。

石膏模型的优点是成本低廉、成型容易、雕刻方便、易涂装、易于长期保存（图 2-33）。石膏适用于制作各种要求的模型，便于陈列展示。石膏模型的缺点是较重、怕碰压、不易连接与制作细节、不好装饰。

（7）玻璃钢模型。

玻璃钢主要是由玻璃纤维与合成树脂（热固性树脂）两大类材料制成的，以玻璃纤维为增强材料、合成树脂为基体或黏结剂，加入促进剂、固化剂进行固化成型，通常采用手工方法制作。玻璃钢模型的优点是质量轻、比强度高、耐腐蚀、电绝缘性能好、耐瞬时超高温性能好、容易着色、能塑造任意曲面和复杂的形态。玻璃钢模型的缺点是制作费时费工、弹性模量低、长期耐温性差、层间剪切强度低、刚性较差、易出现热收缩现象、受力不均易发生变形。

（8）金属材料模型。

金属材料模型的原材料为铝镁合金等金属材料。金属材料适用于笔记本电脑、MP3 播放器、CD 机、机床、矿山机械设备等模型。金属材料模型的优点是强度高、可焊性好、易涂装。金属材料模型的缺点是加工成型难度大、不易修改、易生锈、笨重、成本高。

3. 按加工工艺分类

模型按加工工艺分类，可分为手工模型和数控模型。

①手工模型。成本低，修改方便，在制作过程中可发现问题、解决问题，及时调整，不断优化设计方案，但制作周期长，精确度不高。

②数控模型。根据设备不同又可分为激光快速成型模型和加工中心制作模型。

4. 按制作比例分类

根据设计研究需要，将真实产品的尺寸按比例放大或缩小而制作的模型称为比例模型。模型按其制作比例大小分类，可分为原尺模型、放尺模型和缩尺模型。

模型制作采用的比例，通常根据设计方案对细部的要求、展览场地及搬运方便程度而定。按放大或缩小比例制作的模型，往往因视觉上的聚与散，产生不同的效果。通常采用的比例越大，模型与真实产品的差距越大，选择适合的比例是制作比例模型的重要环节。

5. 按表现范畴分类

模型按其表现范畴分类，可分为建筑沙盘模型、产品模型、规划模型、军事地形模型、工艺品模型等。

2.5.3　模型制作注意事项

制作产品模型时，其造型和材料、比例等要素密切相关。为了提高产品模型的感知精度，在制作产品模型时要注意以下几个方面：

1. 合理地选择造型材料

产品模型制作的材料有很多，板、纸质材料、塑料、油泥、石膏、玻璃钢等都可以用来表现产品形态。但每种材料的性能、成本、加工工艺、加工设备各不相同。因此，在制作模型之前要充分考虑模型的用途、造型的难易程度，从而选择适合的材料。例如，展示模型或结构模型就不宜用板和纸质材料，而应该选择结实、易运输、外观易装饰的塑料和木材等材料。同样，研讨型模型宜选用简单、易加工的苯板、油泥等材料。材料选定后再进一步确定模型比例与尺寸。

2. 恰当地考虑模型制作比例

模型有原尺模型、放尺模型和缩尺模型，在模型制作之前要根据用途、功能选择合适的比例。另外还要考虑模型制作比例是否便于进一步研究产品设计，是否具有一定的展示效果等。

模型的材料与模型比例有非常重要的关系。因此，除非所制作的对象实体体积非常小，对比例不加考虑外，模型的材料与比例必须同时进行考虑。例如，纸质材料对于大型模型来说并不是首选材料，尽管在模型内部可以设置结构框架，但最终还是会扭曲变形。相反，泡沫塑料对于塑造大型产品形态来说则非常适合。塑料则更适合制作各种比例的展示模型。

当选择一种比例进行模型制作时，设计师必须权衡各种要素，选择较小的比例，可以节省时间和材料，但选择过小的比例，模型会失去许多细节。如1 : 10的比例对一个厨房模型来说恰到好处，但对于一把椅子来说，特别是在想表现许多重要细节的情况下，就太小了。所以谨慎地选择一种省时而又能保留重要细节，且能反映模型整体效果的比例，是非常重要的。

3. 把握好产品模型的形态

产品的形态一旦确定，怎样真实、有效地表现出来，是产品模型制作的重点。在产品模型制作中，一方面要确立大的形体关系，保证造型的准确，其精度能通过形体的轮廓线、结构线、转折线、造型分割线等反映出来；另一方面，要把握好形体的块面造型与表面光滑度，以及块面间的转折线。这些对于产品模型制作是至关重要的。

4. 分解好产品模型制作模块

在产品模型制作的过程中，应首先分析产品的形态和造型之间的关系，适当将一些不同形态的大体块部分进行拆解，分成不同的栈块来制作，最后再进行拼装。

例如，用ABS塑料板制作一个有倒角的长方形茶几的侧板时，可以先根据尺寸将四个比较平直的侧板制作好，然后再裁制一块面积稍大一些的板材，按照茶几尺寸分别通过热弯等工艺制作四个有弧度的倒角部分，将热弯后多余的材料部分去除，再将茶几侧面平板与倒角部分分别黏结起来。之所以要将直面与曲面分别制作，是因为在一块较大面积的ABS塑料板上对一个面积较小的局部进行弯折时，往往费时费力、不易加工，或者弯折处的旁边部分有可能会变形而导致整体形态无法达到设计要求。

在模型制作的过程中应将一些不同形态、转折关系的面或者体块分别制作，避免材料的浪费，同时方便加工与操作，提高制作效率。

5. 考虑模型造型质地，注重真实感，突出设计细节

产品的质地反映产品的触摸感，也是设计材料肌理的体现。设计材料、加工方法、形体表面和装饰处理的不同等都会影响产品质感的表达。

模型制作最重要的目的是要使设计的形态形象化、具象化。在设计过程的初期阶段，许多设计的细节在设计者的脑海中形成，考虑这些细节的构造、材料与效果对于实现模型的真实性来说是非常重要的。

通常，展示模型比研讨型模型需要更高的真实性，虽然有些模型能够从其所表现出的形态特征上理解其设计的内在寓意，但是材料与真实性仍然有直接的关系。木材、金属和塑料的质地能给模型以相当高的真实性，但是要用泡沫塑料来塑造一个真实性很高的细节模型就很难做到。

在选择模型材料时，模型的表面质地也应作为衡量模型外观真实性的一个重要的因素。为了得到一个真实性强、细节完美的模型，形态表现细腻、质地逼真、外观整体和谐优美是非常重要的。

6. 借用已有物品的形态、肌理、质感制作展示模型

在制作展示模型的过程中，一般不必拘泥于动手做模型的各个细节部分，完全可以利用一些现有的物品。在制作产品的装饰按键时，可以把纽扣或珍珠等具有漂亮肌理或质感细腻的物品嵌在产品里面，表现产品的细节效果。

总之，在展示模型制作的过程中，可以根据实际情况和需要，在基本的模型制作工艺基础上大胆进行探索，方式可以多样一些，手段可以灵活一些，只要保证模型达到理想设计效果，各种材料、物品都可以用。

7. 建立系统观念，优化模型制作工序与方法

模型的制作工序与制作方法不仅影响模型最终的效果，也直接影响模型制作的成本。制作模型前，应该系统分析模型制作的具体步骤、模块分割、制作零部件及安装顺序，防止返工。

ABS 塑料模型一般先做部件再组装，因为板材厚度问题，连接处可能存在缝隙或连接不牢，在连接成大部件前就需要把小部件粘好，可以在内部加内衬条。另外，应把小零件喷涂好再组装，如果整体组装好了再喷漆，很容易产生边角不齐的现象。

一个看上去是实心的较大体积的立方体，如果用 ABS 塑料板堆、粘接，既浪费材料，模型也非常笨重，如果用 ABS 塑料板进行拼接，制作成空心的、只有外壳的立方体，那么既可以节省材料，也省去了一层层板材堆叠、粘接的麻烦。

同样，一个单曲面的形态，如果是自己制作石膏模，再用 ABS 塑料板压模成型，就非常节省材料。但是如果通过 CNC 加工的方法来制作，就需要一大块 ABS 塑料板来进行切削、雕刻，非常浪费材料。

2.5.4　材料制作案例分析

1. 纸质产品

案例 1：日本设计师正弘南（Masahiro Minami）专注于用瓦楞纸制造各种儿童玩具和教具。下面这款就是完全采用瓦楞纸设计

的木马。木马全身采用相互交叉的瓦楞纸纸板做成，木马的嘴巴和耳朵（扶手）采用硬纸筒做成，看上去憨态可掬（图2-34）。

图2-34　木马

案例2："纸老虎"是由全才设计师丹恩（Anthony Dann）设计的一款可打印、可进行品牌定制的凳子，使用普通的瓦楞纸制作，完全采用扁平化设计，运输和组装都非常简单，专为临时活动和产品发布会设计，但是你还可以把它摆在家里、办公室里或者咖啡馆里，把它当作一件普通家具（图2-35）。

图 2-35 凳子

案例 3：KARTON 是一家来自澳大利亚的家具公司，提供各种各样的硬纸板家具，所用硬纸板取自回收的纸，所用的胶水用植物淀粉做成，安全无毒，而且很结实。KARTON 完全采用扁平设计，包装运输非常方便，放在家里拆卸之后收纳也非常节省空间（图 2-36）。

SWEET DREAMS

图2-36　硬纸板家具

2.木质产品

案例1：瑞典设计工作室 Färg & Blanche 开发了一种名为"wood tailoring（木材缝纫）"的机器缝纫技术，这种技术能够直接在木材上缝纫，将不同材料及不同部件缝合固定在一起。这套产品的车缝、衬垫填充及表面材料均体现出可爱迷人的特性，而下方的座椅外壳则略显强硬感，与上方形成鲜明对比（图2-37）。

图 2-37 座椅

　　案例 2：丰田这款概念车 Setsuna 是用木头做的，所以 Setsuna 将随着时代的前进而发生变化，展现出一种复杂且独特的特质。Setsuna 提供了基本的车辆性能，动力方面将搭载一台先进的电动动力系统以及一套百年仪表以保证其收藏价值，能够驱动、转向和停止。为了实现这个要求，车辆制造在木质

的选择上是非常挑剔的。Setsuna 车身由 86 块实木板材通过
工匠手工拼装而成的（图 2-38）。

图 2-38　丰田概念车

案例3：以色列特拉维夫的设计工作室"Tesler +Mendelovitch"推出的"可穿戴木头"系列用木头做出了时尚优雅的手包。该设计完全颠覆了人们对木头的传统印象，原来木头还能这么玩（图2-39）。

图2-39 手包

案例4：设计师甘茨（Bar Gantz）推出了一套由蒸汽弯曲法制作而成的家具系列作品，这运用一种木材加工技术，将木条放在蒸汽箱中进行加热，最终的热量与蒸汽使材料轻松变弯，实现更具灵活性、唯一性的产品形状（图2-40）。

图 2-40　木头弯曲成双曲面产品

3.泡沫塑料产品

案例：希腊设计师拉兹（Savvas Laz）用一块废弃的聚苯乙烯泡沫塑料做了一把雕塑椅，目的是提高人们对包装垃圾的认识。

拉兹说："希腊没有合适的回收设施，所以我想把这些垃圾收集起来，并把它们变成另一种有价值的功能性物品。我的项目不是为了解决环境问题，而是想让我们思考一下。虽然设计行业的一切都是为了创造新的材料，但我认为，也应该去思考被我们所丢弃的材料能够做些什么。"

因此拉兹设计了一款"聚苯乙烯泡沫塑料椅"，这种泡沫塑料通常与纸板箱结合使用，以保护产品和电子产品，如电视机、冰箱和洗衣机。泡沫塑料比较容易被切割，可以像乐高积木一样创造出一种合适的形状，再加入一层与粉末、颜料和玻璃纤维混合的一种树脂，使椅子具有足够的结构强度（图2-41）。

图2-41　聚苯乙烯泡沫塑料椅

4. 塑料产品

案例1："路易斯魂灵"（Louis Ghost）扶手椅是斯塔克

在 2002 年为 Kartell 公司设计的一款塑料椅子，现已成为公认的塑料椅子经典之作，多次出现在电视、电影、广告、海报上。"将塑料引入家庭"是 Kartell 创立之初确立的企业发展目标。Kartell 公司以实用、趣味、创新为设计理念，将塑料的轻便、坚固、可塑和色彩鲜艳等特点在家具作品上发展到了极致，而斯塔克的这把椅子完美地展示了一把普普通通的塑料椅子所能够呈现出的最大魅力（图 2-42）。

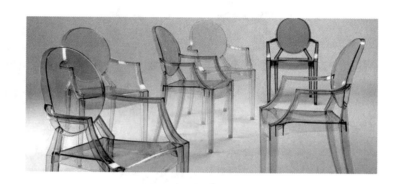

图 2-42　"路易斯魂灵"（Louis Ghost）扶手椅

案例2：伊姆斯椅的设计者是伊姆斯夫妇，这对夫妻被评为20世纪最具影响力的设计师之一。Eames Lounge Chair "伊姆斯椅"诞生于1956年，它的设计灵感来自法国埃菲尔铁塔，已经成为美国最重要的现代艺术博物馆MoMA的永久收藏品，在2003年跻身世界最佳产品设计之林。

设计师利用弯曲的钢筋和成形的塑料制造这款经典餐椅，外形优美兼具很强的实用功能，使伊姆斯餐椅非常受欢迎（图2-43）。

图2-43 伊姆斯椅

5. 玻璃钢产品

案例 1：PLAY 系列扶手椅，是斯塔克为一家纯手工编织户外家具的生产商 Dedon 设计的，它采用了高科技含量的聚丙烯磨具和玻璃纤维框架。更为重要的是，PLAY 系列为未来家居订制开创了新视野，它拥有多种多样的组合方式，每件产品都可以通过重新设计来迎合个人需求，可在线下单，按需生产。这样一来，用户便可以融入自己直接的、感性的、富有创造性的想法，使得设计关系更加自由，更加有趣（图 2-44）。

图 2-44　明式椅

案例 2：设计师 D. K. Wei 创造的一个优雅的概念。"云之沙发"意在创造一种人可以飘浮在云团之上的幻觉。基座中磁铁提供了可以保持沙发飘浮在空中的足够磁力。云团部分由树脂玻璃注塑而成（图 2-45）。

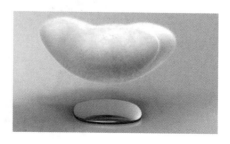

图 2-45　云之沙发

复习思考题

1. 市场调查的内容、方法有哪些?

2. 怎么进行调查分析?

3. 设计定位有哪些方法?

4. 相对于平面表达方法, 工业产品模型制作有何优势?

5. 简述工业产品模型的定义、作用与分类。

6. 模型材料的选择通常应考虑哪些因素?

7. 简述三种常用模型制作方法、特点和制作过程。

第3章
产品造型设计的基本原则

3.1
人机工程学应用原则

3.1.1 概述

美在于适宜,在于事物的和谐。设计一种造型优美的产品,不但要满足人们的审美需求,而且要适合人的使用操作。如果工业产品在操作使用上不方便、不舒适,仍然不是完美的设计。工业产品要适合人的使用,要保证有高的生产率,必须有良好的工作环境和合适的操纵装置,各种仪表、显示器和信号装置也必须是清晰易辨且使用方便,这些都与产品造型有着密切联系。

在现代,正发展着特殊的"拟人化"技术和开展着技术对人影响的研究。"人的因素"在现代生产中有很大的意义。国外统计数字表明:生产当中58% ~ 70%的事故与轻视"人的因素"有关。对交通事故的研究表明:在相同的行车条件下,有些人发生的交通事故明显多于其他人，这说明在驾驶者中确实存在着驾驶适宜性问题，也就是人具备圆满完成驾驶工作的素质。人机工程学研究人在劳动过程中的机能特点，以便为其创造较好的劳动条件，即不仅仅要保证提高劳动生产率及劳动安全，而且在劳动中要有必要的舒适条件，也就是要保持人的体力、健康和工作能力。操作条件可分为四种情况：令人难忍的、不舒适的、舒适的和非常舒适的。舒适与有效是人机工程学的核心，人机工程设计在产品造型设计中起着重要的作用。

1. 人机工程学的命名和定义

人机工程学是一门新兴的边缘学科。该学科在美国被称为"Human Engineering"（人类工程学）；在西欧国家被称为"Ergonomics"（工效学）；在日本被称为"人间工学"；我国除了在机械工程领域中普遍用"人机工程学"这一名称外，目前常用的名称还有人体工程学、工效学、人类工程学、人的因数工程学、工程心理学、应用试验心理学等。

同样，对该学科所下的定义也不尽相同。美国人机工程学专家查尔斯·伍德（Charles C. Wood）对该学科所下的定义为：设备设计必须适合人的各方面因素，以便在操作上付出最小代价而求得最高效率；我国1979年出版的《辞海》中将人机工程学定义为"人机工程学是一门新兴的综合学科。运用人体测量学、生理学、心理学和生物学等研究手段和方法，综合地进行人体结构、功能、心理以及力学等问题研究的学科。用以设计使操作者能发挥最大效能的机械、仪器和控制装置，并研究控制台上各个仪表的最适合位置"；国际工效学学会（International Ergonomics Association，IEA）给本学科下过一个最全面的定义：是研究人在工作环境中的解剖学、生理学、心理学等诸方面的因素，研究人－机器－环境系统中交互作用着的各个组成部分（效率、安全、健康、舒适等）在工作条件下、在家庭中、在闲暇时间内如何达到最优化的一门学科。

人机工程学是研究系统中人与其他组成部分交互关系的一门学科，并运用其理论、原理、数据和方法进行设计，以优化系统的工效和人的健康幸福之间的关系。现代人体工程学已经发展为一门多学科的交叉科学。研究方法和评估方法涉及心理学、生理学、解剖学、人体测量学、艺术学和工程学等多个领域。学科研究的目的是通过采用多个学科的知识来指导作业工具、工作方法和工作环境的设计与完善，让使用更高效、更安全、更健康、更舒适宜人。所涉及的学科领域，如图3-1所示：

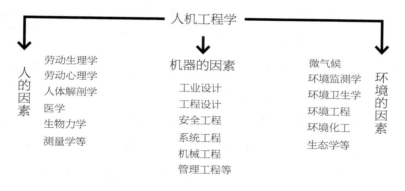

图3-1　人机工程学相关学科

2. 人机工程学的研究对象和范围

人机工程学研究的主要内容就是"人－机－环境"系统，简称人机系统。构成人机系统"三大要素"的人、机、环境，可被看成人机系统中三个相对独立的子系统，分别属于行为科学、技术科学和环境科学的研究范畴。以这三大要素作为基本结构，不仅着重三大要素本身性能的分析，而且更重视三大要素之间的相互关系、相互作用、相互影响以及三大要素间协调方式的研究，以便有效地发挥人的作用，并为操作者提供安全和舒适的环境，从而达到提高工作效率的根本目的。围绕这一目的，着重研究以下几个方面的问题。

（1）人。

以人为本，以研究人的行为特征及器官的功能限度为前提。例如，研究人体静态测量尺寸、动态测量尺寸以及人体四肢向不同方向伸展时达到的范围；研究人体各部分的出力、动作速度、频率以及习惯动作等；分析人体对各种负荷的反应速度、适应能力以及怎样工作才能减少疲劳和能量消耗；研究人体对各种环境因素的生理反应和承受限度；研究人在系统中的可靠性、人为差错率及其影响因素，以及人在劳动中的最佳心理条件等。这样才能有的放矢，设计出符合人的生理、心理特点的设备、机械或工具，使操作者在操纵时处于舒适的状态和适宜的环境之中，使人能更有效地工作。

（2）机。

研究机器系统中直接由人操作或使用的部件设计。如各种显示器、操纵器、控制台、座椅、环境照明等，都必须适合人的使用。如怎样设计仪表才能保证操作者看得清晰、阅读迅速、误读率低。又如怎样设计操纵器才能使操纵者使用时得心应手、方便、省力而又高效等。这都要提供必要的人机工程学参数和具体的要求。

（3）环境。

随着现代化技术和工业生产的发展，作业现场将会出现各种各样有害的环境条件，如高温、低温、照明、振动、噪声、污染、辐射以及气压变化等作业环境。为了控制作业中有害的环境因素，以保障操作者的安全、健康、舒适，并保证生产的高效，需要采取一系列的措施来改善和控制这些有害的环境条件。因此，必须研究和设计各种有害环境控制设备和保障人身安全的装置。

（4）研究人机系统的整体设计。

为了提高整个人与机所构成的系统效能，除了必须使得机器系统的各个部分（包括它的环境系统）都适合人的要求外，还必须解决整个人机系统中人和机器的职能如何合理分工和相互配合的问题，即研究机器和人的各自特点，分析人机系统中哪些工作适合机器承担，哪些工作适合人担任，两者如何合理配合，人和机器之间如何交换信息等。不论人和机的结合方式如何，人与机之间的关系都可以用一个简化模型加以描述，如图 3-2 所示。又如汽车驾驶者的年龄差距是很大的，设计师就面临着怎样使得人体特征差异如此巨大的驾驶者群体中的大多数人，对轿车的使用性能都感到满意的挑战。

图 3-2　人机系统简化模型

"人－机"间的配合与分工（也称"人－机"功能分配），应全面综合考虑人与机的特征及机能，使之扬长避短、合理配合，充分发挥人机系统的综合使用效能。表3-1列出了人与机的特征机能比较，可供设计时选用参考。

表3-1 人与机的特征机能比较

比较内容	人的特征	机器的机能
感受能力	人可识别物体的大小、形状、位置和颜色等特征，并对不同音色和某些化学物质有一定的分辨能力	接受超声、辐射、微波、电磁波、磁场等信号，超过人的感受能力
控制能力	可进行各种控制，且在自由度、调节和联系能力等方面优于机械，同时，其动力设备和效应运动完全合为一体，能"独立自主"	操纵力、速度、精密度、操作数量等方面都超过人的能力，但不能发挥作用
工作效率	可依次完成多种功能作业，但不能进行高阶运算，不能同时完成多种操作和在恶劣环境条件下作业	能在恶劣环境条件下工作，可进行高阶运算和同时完成多种操作控制，单调、重复的工作也不降低效率
信息处理	人的信息传递率一般为6 bit/s左右，接收信息的速度约为20个/s，短时间内能同时记住信息约10个，每次只能处理一个信息	能储存信息和迅速取出信息，能长期储存，也能一次废除。信息传递能力、记忆速度和保持能力都比人高很多
可靠性	就人脑而言，可靠性和自动结合能力都远远超过机器，但工作过程中，人的技术高低、生理及心理状况等对可靠性都有影响	经可靠性设计后，其可靠性高，且质量保持不变。但本身的检查和维修能力非常微薄，不能处理意外的紧急事态
耐久性	容易产生疲劳，不能长时间连续工作，且受年龄、性别与健康情况等因素的影响	耐久性高，能长期连续工作，并大大超过人的能力

根据列表分析比较可知，人机合理分工为：凡是笨重的、快速的、精细的、规律的、单调的、高阶运算的、操作复杂的工作，适合机器承担；而对机器系统的设计、维修、监控、故障处理，以及程序和指令的安排等，则适合人来承担。

（5）人机界面设计。

人和机器的交互信息主要通过显示器与控制器来进行，在实现人和机器的交流过程中界面的设计既是输出装置也是输入的设备，通过对它的研究可以有效地提高交互效率，提升产品的功能，优化造型的设计。

以计算机为代表的数码产品，由硬件系统与软件系统和人共同构成人机系统，人与硬件、软件结合而构成了硬件人机界面和软件人机界面。人机界面设计处理的是人与硬件界面、人与软件界面的关系。而硬件界面与软件界面之间的关系则通过计算机技术来解决。

硬件人机界面设计主要指在人机交互过程中硬件产品的设计，包括计算机和数码产品的造型设计，其中信息输入设备有键盘、鼠标、光笔、跟踪球、触摸式屏幕、操纵杆、图形输入仪、声音输入设备、数据手套、视线跟踪器等，信息输出设备有屏幕显示器、投影仪、头盔显示器、声音输出设备、电视眼镜、打印机等（图3-3）。软件人机界面设计传统的有命令语言、菜单、填表界面等。随着多媒体技术的发展，出现了图形用户界面，用自然语言进行人机交互的方式等，其设计要求是人机界面应保持简单、自然、友好、方便、一致。

图 3-3　手机和 iPad 的硬件界面

现在计算机与数码产品已普及到人们的日常生活中，因而人机界面设计就成为人机工程学重要的研究内容。

（6）作业方法的研究。

这里的研究内容表现在工作方式的研究，人在从事作业时，通常以脑力劳动、体力消耗和技能操作为主，在这一期间研究人的负荷与消耗，建立完善工作的制度，既能高效完成工作，又能使操作者得到充足休息，在对作业方法研究的基础上针对作业的条件、作业的环境和工具进行优化。

（7）安全可靠性研究。

产品的使用过程中人、机器和环境相互影响，除了研究如何让设计提高使用效率，还要研究对人影响的利弊。人机工程学发展史中成熟期的转变就是源于战争期间装备给人带来了事故，现代"以人为本"的理念最初也是出自安全的考虑。这部分的研究主要是分析人的行为动作和劳动心理，引导行为意识或规范操作。对于产品加入容错设计原则，设计防护装置将人持续置于安全的状态。

（8）组织与管理研究。

人机工程学需要将生产的效率最大化，就需要对整体的生产流程加以改进，对作业环境加以优化，针对每一个参与者做出管理，对于工具做出统一，对于作业人员动作需要规范。从整体到细节每一步做到组织与管理，使每一个参与者的行为模式与整体目标一致，达到效率最大化的效果。最常见的应用就是工厂的流水线管理，都具备着明确的管理制度和清晰的职责权限。

3. 人机工程学的研究方法

人机工程学涉及的学科很多，研究范围甚广，常用的研究方法有以下几种。

（1）实测法。

实测法是通过实际测量人体各部分静态和动态数据，测量各种机械设备的性能参数，测量人在劳动前后或劳动过程中各种生理指标的动态变化等。实测所得的资料为机械和装置的设计、作业空间的布置以及人机系统的设计提供科学的依据。

（2）调查法。

人机工程学中许多感觉和心理指标很难用测量的办法获得。有些即使有可能，但从设计师工作范围来看也无此必要，因此，设计师常以调查的方法获得这方面的信息。如每年持续对 1000 人的生活形态进行宏观研究，收集分析人格特征、消费心理、使用性格、扩散角色、媒体接触、日常用品使用、设计偏好、活动时间分配、家庭空间运用以及人口计测等，并建立起相应的资料库。调查的结果尽管较难量化，但却能给人以直观的感受，有时反而更有效。

（3）分析法。

分析法是在前两种方法的基础上进行的，如对人在操作机器时的动作分析，首先要用实测的方法，或用轨迹摄影及高速录像技术，将人在操作过程中的每一连续动作逐一记录下来，然后再进行分析研究，以便排除操作中的无效动作，减少人的重心移动，纠正不良的姿势，从而有效地减轻人的劳动强度，提高工作效率。

（4）观测法。

观察使用场景中产品的使用情况，使用场景中的环境特点，使用人群的行为状态，一般情况下是有意识地观察细节体验，以便后期对设计局部调整，逐步达到满意的状态。具体方法存在很多种方式，但是大多数是以不打扰使用者为前提，避免影响使用者的使用状态，比如通过录像仪器记录使用过程，或者平面设计中的眼动仪记录视觉轨迹路线，分析人的视觉阅读习惯。

（5）心理测量法。

心理测量法，又叫感觉评价法，是通过人的主观感受去评价物品的客观性能，比如设计的舒适性、宜人性等非计量性评价。通常我们所说的产品舒适性以满足 80% 的使用者为评判标准，就需要大量使用反馈作为评判依据。心理测量法的评价主要针对两个方面开展，一个是针对产品的整体性能进行综合性评价，比如环境的舒适就需要对温度与湿度、灯光与空气等多项元素综合考量，得出整体评价。另一个是针对产品的特定质量和性质，有明确的研究方向，比如灯光的亮度或者声音的刺激等。

（6）人体测量数据应用。

人体测量以实测法为前提，首先对于产品的类型有一个定位，定位它是通用型还是专用型，也就是对于使用者有一个定位，是男女通用还是特定人群。之后选择人体百分位数区间，也就是确定满足度的大小。针对百分位数得出人体尺寸参数。通过着衣和姿势的情况，加入功能修正和心理修正。最后根据使用意见和反馈，完善数据，重新调整应用尺寸。

（7）心理测验法。

这种方法主要是针对人的研究，在个体差异理论的基础上进行测验，获得测验者的心理状态和素质特点，与常模相互比较得出结论。要求一定要先建立常模状态，获得平均测试数值，然后在确保实验的信度和效度的前提下，得出测验者的心理特点。

（8）图示模型法。

这种方法主要是以图形的形式表达系统中各要素之间的相互关系，从本质上描述产品、环境和人的联系，其中人的重要因素包括中枢神经系统、感觉器官和运动系统，机器的要素包括本身系统，输入系统和反馈系统三个方面，比如常见的产品流程图和关系图。

（9）模拟法。

运用技术和设备模拟产品使用过程或者场景，进行无实物的初步实验，获取重要数据和反馈。比如虚拟现实、仿真技术、模拟训练等，在节省时间和造价成本的基础上满足初步的需求。

3.1.2　人机工程学的认知

1. 理论模型

现有的人机工程学理论模型主要从三个方面来设定：操作系统、人机界面以及在该系统中人的作业效率。

人机工程学重要的概念是"操作系统"，同时也是人机工程学的思想基础。人体工程学一个重要特点就是：它不会孤立地去研究人员、机器和环境，而是从系统的高度将人、机器和环境视为具有特定目标的交互内容，三者相互依赖，互相制约。"系统"作为一个有机整体，具有特殊的功能和目标，由多个组件结合而成，组件之间相互作用和相互依赖。在系统中将人体工程学研究分为四个层次：安全、效率、舒适和审美体验（图3-4）。

图 3-4　人机工程的系统研究的四个层次

人的工作效率作为对产品优劣的评判标准之一，可以分为三种形式：首先是高效率工作形式，其特点在于具有最高技能的"人"，在最有利的"条件"下完成最"熟练"的工作，这就是设计中希望达到的"提前预期"；其次是最佳效率形式，最佳效率是正常"人"在正常"条件"下基本满足系统运行要求的效果；最后是可接受效率。系统设计虽然进行了最佳设计，但是通常不能获得最佳的人机系统匹配水平，因此"容错"是系统设计的一个重要概念和技术。只要出现的错误在系统可以接受并容纳的范围内，"人"可以犯错误，"条件"可以不具备，"能力"可以不是最强的。在不同的"人"的不同心理生理状态下，根据工作中使用的"环境和条件"的不同以及任务的要求的差异，必然会形成某人、某时、某事的工作效率模型。

2. 人机交互

电子产品不断更新与进步，随之产生了一类产品，它体现了人类与电子产品之间所发生的相互作用，从而形成了一种新的学科，我们称之为人机交互。人机交互系统主要用于研究用户在与系统交互中的情况，如何执行、如何完成任务和工作，如何运用工具、机器和软件，同时致力于软件技术的研发和在该领域中人与机器的和谐互动。所谓的人机交互，是互动设计的一种，是一种用以适应人们工作和生活的满足人与机器互动的产品设计方法。如果从某种意义上来说，为用户创建一种新的体验就是交互设计的宗旨，在体验中增强和扩大人与机器、人与环境的自然和谐。

随着互联网的运用越来越普遍，交互设计越来越受到人们关注，出现了很多相关的产品。例如手机，如果站在"社会学"与"经济学"的角度看，手机不仅仅是简单而时尚的生活用品，更是社会关系、经济结构、科技水平、生存方式的一个镜像，并且改变了人与人沟通的方式，创造了超越空间的对话。

案例 1：微软 Surface Phone 手机由设计师 Cade Lin 于 2019 年设计。

设计师 Cade Lin 创建了微软 Surface Phone 手机概念，并发布在他 @Behance 社交媒体账户上。他设计出的 Surface Phone 手机延续了微软向来的风格，且更加优雅和简约。值得关注的是，微软 Surface Phone 手机可以看到背面的方形镜头组，这也是一个"天才"的设计亮点，因为这个方形镜头组的形状实际上就像微软的 logo 标志。前摄像头方面，Surface Phone 手机似乎借鉴了 Galaxy Note 10 自拍摄像头，采用前双摄镜头，但稍微宽一点，并保持居中，且保持了表面排列的最小美感，以及光滑的矩形和圆形边角，比 iPhone 11 Pro Max 更好看，如图 3-5 所示。

图 3-5　微软 Surface Phone 手机

案例 2：G-Speak 技术由奥布朗工业公司设计。

人机互动控制系统被命名为"G-Speak"，使用这套系统的人不需要鼠标就可以向电脑传达指令。使用者只需戴上一副特制的手套，用双手就可以实现人机互动（图 3-6）。

图 3-6　人机互动控制系统"G-Speak"

3. 认知心理学设计

认知心理学于 20 世纪 50 年代中期在西方出现并发展起来，其主要探讨的是人类内部的心理活动过程，想法、信念以及意向等心理活动等，主要为信息加工理论性研究。

在人机设计过程中，用户是否满意系统所提供给他的各种感受，是否能够即时响应系统提供的信息资源，其表现出的情绪，则反映了系统在设计方面是否成功。感受用户情绪，就需要设计师了解不同用户要求，通过了解不同用户的不同心理现象对产品进行设计，只有这样才能够为用户提供适合个人的，并带有其个性特征的信息服务。用户心理是心理学的研究范畴，心理学以用户为研究对象，它不是具象的，需要感知用户内部世界和精神生活。当然也不能完全通过直接观察就能够得出结论，但通过观察和分析行为，可以客观地研究人类的心理现象。

（1）人机设计中认知心理学的加工系统模型。

认知心理学家认为，"人"就是信息处理系统，这是从信息处理的角度来看的。心理学家在通常的表达中会使用模型，使用模型的表达方式，用来表示人类心理过程和结构的某些主要方面。一个流行的模型包含了信息处理系统的四个主要组件，当每个组件都与其他系统链接，并得以执行某些操作时这个模型便完整构成了。

接收环境提供的各项输入信息的是感官系统，它可以进行提取合并，同时具有结合刺激的基本特征。另一个系统是记忆系统，编码的物理刺激进入该系统，通过比对记忆中的信息，进行比较和匹配。中心系统及核心系统为整体控制系统，由控制系统来确定系统的工作方式，主要处理实现的目标和计划，确定目标的顺序，并监督当前目标的实施。

通过相应的感觉系统，来自环境的信息通过比较，是否达到长期记忆放取决于它是否由工作记忆处理，而工作记忆又取决于当前控制系统的目标。

（2）人机设计中认知心理学记忆系统模型。

内存记忆系统包含感觉记忆、短期记忆和长期记忆三个子系统，这三个子系统处于信息处理的不同阶段，进入短期记忆的信息来自感觉记忆和长期记忆，进入长期记忆的信息必须首先进行感觉记忆和短期记忆处理，在每种情况下，不同阶段必须进行处理以适应下一阶段。

将人机设计理论中的心理学理论应用到定制产品设计中，定制设计"以人为本"的设计理念，就要求设计时在设计中完全地了解并理解用户特定的信息需求，感受用户的目标期望，根据与用户的沟通与交流，真正掌握用户信息进入工作记忆过程，产品的哪些特征决定了用户会接受产品设计方案。通过了解认知心理学理论，了解用户基本需求，提出满足用户信息需求的心理交互模型。

4.情感化设计

美国西北大学计算机和心理学教授唐纳德·诺曼曾这样说："产品具有好的功能是重要的，产品让人易学会用也是重要的，但更重要的是这个产品要能使人感到愉悦。"情感化的产品设计正是意在扭转功能主义下技术凌驾于情感之上的局面，使得以物为中心的设计模式重新回归到以人为中心的设计主流上来。产品的情感化设计不仅是一种附加在人的心理层面需要的设计理念，同时它还将人在使用产品过程中获得的愉悦的审美体验与感受传递出来。

（1）情感及情感体验。

在《心理学大辞典》中有关于情感的定义是这样来表述的："情绪是客观的事情之一，是满足自身需求而引起的态度体验"。

人们的情感的产生来源于人与事物在互动中的体验，这种体验中既包含了情感也包含情绪。

情感体验是在体验中将用户的情感激发出来，从而容用户感受自身内心的一个过程，情感体验具有独特性、互动性与情境性的特征。

（2）情感设计与产品设计。

情感设计是产品设计的个性化需要，是人们对精神世界的追求，是人类不同人格在情感本质上的差别，是人类精神世界的杰出表现。

个性化消费的开始意味着材料同质化的结束，原有工业时代当中流行的消费模式已渐渐被取代，现有的个性化消费成为新的消费热点。定制类产品的市场保有率在逐年上涨。人们精神文化的需求使得情感化设计在产品设计中的重要性凸显出来。在设计产品时，充分考虑用户的个性化要求，根据用户在年龄、性别、社会经历等各方面的不同进行个性化设计，将情感化设计作为重点来考虑，真正做到设计的"以人为本"。

情感化设计划分为三个层次，即反思层面、行为层面、本能层面（图3-7）。这一内容是由唐纳德·诺曼教授在《情感化设计》一书中所提到的。①

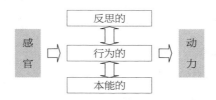

图3-7 情感化设计的三个层次

---

① 唐纳德·诺曼.设计心理学 3：情感化设计【M】.北京：中信出版社，2015.

案例1：仙人掌椅，设计师为沃勒斯（Valetina Glez Wohlers）。

墨西哥设计师沃勒斯设计的多刺对椅，并置了墨西哥的代表性植物仙人掌元素和欧洲的时尚设计美学，这种文化上的混合呈现出一种别样的设计感觉，像是欧洲宫廷座椅的墨西哥联想，如图 3-8 所示。

图 3-8　仙人掌椅

案例2：无线 MP3 播放器，设计师为特谢拉（Nuno Teixeira）。

设计师特谢拉设计的无线 MP3 播放器，柔软的表面和无线控制让你使用起来更轻松，让在听 MP3 的时候绝对没有线来干扰你，如图 3-9 所示。

图 3-9　无线 MP3 播放器

案例 3：Back4 灯具，设计师为哈弗。

哈弗设计的 Back4 灯具，活灵活现的小动物彩灯，让你的家居充满甜蜜、温馨的味道，如图 3-10 所示。

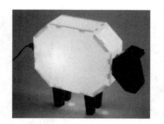

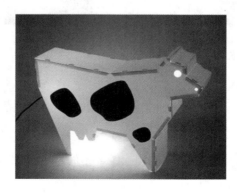

图 3-10　Back4 灯具

案例4：The USBee，设计师为斯坦科维奇（Damjan Stankovic）。

这款U盘表面使用橡胶材质，是为了减小使用中可能对U盘所造成的损害，尤其最细那个地方十分柔软，这样可以减小来自各个轴向的碰撞。由于十分柔软，也大大减小了对收纳空间的占用。末端的黑条利于散热，美观大方，同时也符合人机工程学的要求。此物由设计师斯坦科维奇设计，如图3-11所示。

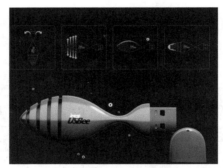

图3-11　The USBee

3.1.3 人机工程学的原则分析

人机关系是造型设计的重要原则之一。在产品设计中要充分考虑人的生理、心理特点。只有按照人体的各部分的基本尺寸（图3-12）以及人的适应能力等因素进行设计，才能创造较优化的"人－机"关系。较好的"人－机"界面不仅包括尺度关系，而且包括影响人们操作心理方面的诸多因素，如色彩、按钮排列等更高层次的和谐统一。

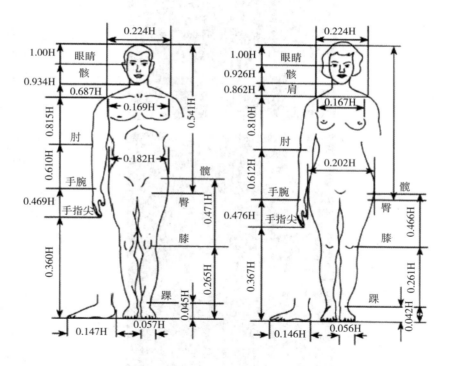

图3-12　我国成年人人体尺寸的比例关系

人机工程学能帮助设计者从产品艺术设计的一系列方案中选择符合"人的因素"要求的最佳方案。所选方案的一些构图和模型不仅能用来检查配置方案的好坏，而且还能实验性地检验所设计产品的新结构与人机工程学的要求是否相符。安全性是人机工程学的基础。

人机工程学的要求如下。

（1）针对人的心理特点，设计最理想的产品。

（2）通过结构设计方案的选择，能对人的能力的开发起到促进及刺激作用，以期唤起人们的活动乐趣。

（3）在人和机器设备相互影响的过程中，能为操作者创造出能保持正常情绪及最适当的生活紧张度的条件。

据统计，70%以上的事故与人为失误有关，但要保证安全，最彻底、最有效的办法还是从机械和环境方面解决问题。因为机械和生产环境是比较容易改变的，人的机能却有一定限度，适应能力也不强，要求人做很大的改变去适应机械和环境条件是不明智的，甚至是不可能的。人机工程分析主要是结合产品使用情况，分析人机功能分配、人机匹配（包括正常作业时及特殊状态下人对周围机械和环境，如颜色、形态、大小等的辨别和反应能力）等问题，寻求最佳人机设置并提出改进方案。此方法是一种既可用于人－机－环境分析，也适于个别产品分析的较为有效的方法。

案例："Tizio"台灯，设计师为理查德·萨博（Richard Sapper），设计时间为1972年。

萨博的灯具设计主要涉猎的范围是工作灯。以使用功能为主的工作用台灯要照亮桌面，避免炫光；远近高低可以任意调节，灯座、灯伞尽量少占用空间，灯具形式不要分散注意力，影响工作效率；同时还要安全可靠。

Tizio是迄今第一台这样的工作台灯。它以精良的设计发挥了台灯的照明功能。设计者运用杠杆平衡的原理设计了这种悬臂式结构（图3-13）。

他精密地计算了重锤与悬挑尺度之间的相互量，使台灯悬挑的范围为0~1.08 m，升高的范围为0~1.13 m，而且可以在360°范围内水平旋转。调节时不用任何附加动作，只需用一个手指轻轻拨动便可在上述范围中的任意方向空间中的一点定位，而不影响灯具的稳定、安全。灯伞小而轻，几乎不遮挡视线，又不产生炫光。在处理方形变压器的外壳时，采用了黑色圆柱墩形式，既显示了稳定感，又点出它可以旋转的功能。长长的悬臂支架点出灯具悬挑的功能特点，又在两个关节部位用极少的红色提醒人们，它们是调节伸缩的轴心。

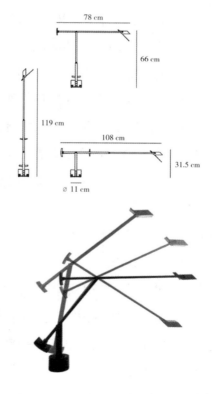

图3-13　"Tizio"台灯

Tizio 以它的造型和色彩给人以启示，满足功能上的一切要求。这种工作用灯是目前欧美最受欢迎的灯具之一。它已被美国纽约现代艺术博物馆选为固定展品。

总之，产品的人机工程学设计的主要目的是，解决产品人机关系及环境关系，重点完成人机界面的信息反馈设计与操作控制设计。完成产品使用中对方便、准确、亲和的需求设计，完成产品满足一定环境条件的设计，从生理、心理两方面实现人－机关系的协调。

3.2
形式美原则

工业产品的形式美学原则，主要是研究产品形式美感与人的审美之间的关系，以美学的基本原则为工具来揭示产品造型形式美的发展规律，满足人们对产品审美的需求。

人的本质特征的重要表现之一，就是自觉地追求美，不断地按照美的规律来建造自己的生活。在人类社会发展过程中，劳动创造了产品，同时也创造了美。因此，产品除具有可使用的实用价值外还具有可欣赏的审美价值。人类在数千年前就意识到美的存在，在劳动过程中有意识地对生产工具、生活物品进行装饰，特别是"串饰"的出现，体现了人类对美的向往与追求。事物的美往往也反映出事物的发展规律，人类在长期的社会实践中对事物复杂的形态进行分析研究，总结出形式美的基本原则，诸如对立与统一、比例与尺寸、对比与调和、对称与均衡、稳定与轻巧、过渡与呼应、节奏与韵律等。对形式美的研究，有助于人们更好地认识美、欣赏美和创造美（图3-14）。

图 3-14　1985 年迈克尔·格雷夫斯（Michael Graves）设计的鸟嘴热水壶 Kettle 9093 实用美观

本节主要讨论工业产品造型设计形式美的问题，产品只有功能美与形式美达到完美统一才能完整体现其价值。

3.2.1　统一与变化

统一与变化是造型艺术形式美的基本原则，是诸多形式美的集中与概括，反映了事物发展的普遍规律。

1. 统一

统一是指组成事物整体的各个部分之间，具有呼应、关联、秩序和规律性，形成一种一致的或具有一致趋势的规律。在造型艺术中，统一起到治乱、治杂的作用。增加艺术的条理性，体现出秩序、和谐、整体的美感。但是，过分的统一又会使造型显得刻板单调，缺乏艺术的视觉张力。因为人的精神和心理如果缺乏刺激则会产生呆滞，先前产生的美感也会逐渐消逝，所以统一中又需要有变化。

2. 变化

变化即事物各部分之间的相互矛盾、相互对立的关系，使事物内部产生一定的差异性，产生活跃、运动、新异的感觉。变化是视觉张力的源泉，有唤起趣味的作用，能在单纯呆滞的状态中重新唤起新鲜活泼的韵味。但是，变化又受一定规则的制约，过度的变化会导致造型零乱琐碎，引起精神上的动荡，给视觉造成不稳定和不统一感，因此变化须服从统一。

在产品设计中，统一与变化可通过造型的各要素，如造型中线条的粗细、长短、曲直、疏密，形状的大小、方圆、规则与不规则，色彩的明暗、鲜灰、冷暖、轻重、进退等的处理，来达到形式美的和谐统一（图3-15）。

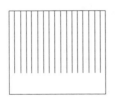

（a）

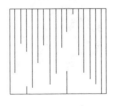

（b）

图3-15 统一与变化
（a）统一；（b）变化

3. 统一与变化的相互关系

统一与变化是一对相对的概念，存在于同一事物中。但统一与变化在造型艺术中又不能平均对待，还要注意各方面"度"的关系，过分的统一与没有节制的变化都会削弱造型的形式美感。在产品设计中既要统一中有变化，又要变化中有统一。统一中求变化，产品显得稳重而丰富；变化中求统一，产品显得丰富而不紊乱。统一与变化是事物矛盾的对立面，其相互对立、相互依赖，构成了万事万物的不同形态。"道生一，一生二，二生三，三生万物，万物负阴而抱阳，冲气以为和"即表达了事物对立与统一的辩证关系。统一与变化反映了事物发展的普遍规律，统一是主流，变化是动力，这也是衡量造型艺术形式美的重要原则。

4. 统一与变化在工业造型设计中的运用

在美学原理的诸多原则中，统一与变化是总的形式规律，具体的形式美感都从不同角度反映着统一与变化的这一规律。在产品造型设计中，结构的形式、外观的样式、色彩的搭配都离不开统一与变化，在统一中求变化，在变化中求统一是设计的准绳。总揽全局，并以此形成和谐之美、秩序之美、变化之美等具体的形式美感（图3-16）。

图3-16　多样统一设计

统一与变化在不同产品中所占比例是不同的。有些产品是在统一的前提下求变化，以改变产品造型的平淡；有些产品则是在变化的前提下求统一，复杂中求和谐。统一与变化的规律在实际运用中，主要根据不同类别、不同功用的产品的具体情况而定。统一与变化表现为两种具体的类型：一是事物各种对立因素之间的变化，"相反者相成"，对立产生变化，即为对比；二是非对立因素之间的变化，形成不明显的变化，即为调和（图3-17）。

图3-17　Alessi（阿莱西）的经典工业设计产品

3.2.2　比例与尺度

在产品造型设计中，任何一件功能与形式完美的产品都有适当的比例与尺度关系，比例与尺度既反映结构功能，又符合人的视觉习惯。人们在社会实践中对事物进行研究与总结，形成了一些固定的符合视觉感受习惯的比例与尺度关系，这些固定的比例与尺度关系在一定程度上体现出均衡、稳定、和谐的美学关系。因此，了解比例与尺度的关系对产品造型设计有重要的作用。

1. 比例

比例是指事物中整体与局部或局部与局部之间的大小、长短、高低、分量的比较关系，在产品造型设计中，比例主要表现为造型的长、宽、高之间的和谐关系。随着科学技术的不断发展，新的工业产品为了符合人机工程学的需求，各种新的比例尺度会不断出现。合理的比例能使产品造型更适合人的心理与生理的需求，合理的比例可实现优化产品的功能，且具有和谐的视觉感受。它是产品造型设计协调尺度的基本手段。

良好的比例关系符合使用的需要，更符合审美的需求。比例尺度是人类在历史的长河中，通过长期劳动实践而获得的。我国古代木工祖传的"周三经一，方五斜七"就是制作圆形与方形的比例原则。古代绘画中所讲"丈山尺树，寸马分人"就是历代画家对绘画比例尺度的理解。

（1）几何原则。

美的规律是人们对繁杂无序的事物进行归纳总结出来的，从中找出具有明确外形的事物，其边线、体积、周长都受到一些限定数值的制约，而这种制约越严格则形体越肯定，其视觉记忆力也越强。比例关系可运用几何学的规律来表现，如正方形、三角形、圆形、黄金分割比等均有严格的比例关系。

①黄金分割比。即1：0.618，已被世界公认为一种美的比例原则，最初由毕达哥拉斯学派提出。据说，毕达哥拉斯曾经平平地拿着一根木棒的两端，并请友人在棒子上刻下一个记号，其位置要使木棒两端的比例不相等，但看起来让人觉得满意。黄金分割比后来被德国数学家蔡沁于1854年做了几何学的作图证明。

求：已知线段做黄金分割，如图 3-18 所示。

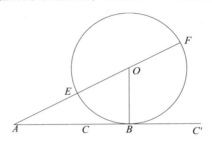

图 3-18　黄金分割

解：在 *B* 点作 *BO* 垂直于 *AB*，并使 *BO* = *AB* / 2，以 *O* 为圆心，*BO* = *AB* / 2 为半径画圆，连接 *AO* 作一条直线，与该圆相交于 *E*、*F* 点。在 *AB* 及其延长线上，取 *AC* = *AE*，*AC*′ = *AF*。经几何运算可证明：*BC* : *AC* = *AC* : *AB* = *AB* : *AC*′ … 故 *C*，*C*′ 为 *AB* 之内外分点，即黄金分割点。如果设 *AB* 为 1，则该比为 0.618 或 1 : 1.618，一般取其近似值 5 : 8，这一比例被视为公认的令人满意的比例，故取名为"黄金分割"。

这个比例与人体有密切关系，如果一个人的身高数正巧是 1.618 的话，那么以肚脐为界，最匀称的身材之比应是 0.618 : 1，同时人眼睛的宽与高的视阈之比也正好等于这个比。在工业产品设计中很多造型都符合这一比例，如门窗、电视机荧光屏等都以此比例为标准。

②平方根矩形。在造型设计中所使用的 $\sqrt{2}, \sqrt{3}, \sqrt{5}$ 矩形，其短边与长边之比分别为 $1 : \sqrt{2}$、$1 : \sqrt{3}$、$1 : \sqrt{5}$。平方根矩形的画法有下列三种：

第一种（图 3-19）：先画出边长为 1 单位长的正方形，然后以此正方形的对角线之长为半径，*B* 为圆心作弧交 *BC* 延长线于

D点，这样，以AB为短边、BD为长边的矩形即为$\sqrt{2}$矩形。再以$\sqrt{2}$矩形对角线之长为半径，B为圆心作弧交BD延长线于E点，这样，以AB为短边、BE为长边的矩形即为$\sqrt{3}$矩形。依此作法，可作$\sqrt{4}$、$\sqrt{5}$矩形。

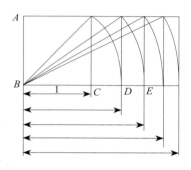

图 3-19　平方根矩形第一种画法

第二种（图3-20）：先作一正方形，以某一顶点为圆心，以边长为半径在正方形内画弧与对角线相交于一点，再通过此点画于底边相平行的线，则得矩形。以同法依次画下去。

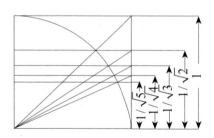

图 3-20　平方根矩形第二种画法

第三种（图3-21）：先画正方形，以其对角线作为长边，正方形边长作为短边，可构成$\sqrt{2}$矩形。以$\sqrt{2}$矩形的对角线作为长边，正方形边长作为短边，可构成$\sqrt{3}$矩形。以同样方法反复画下去，可画出一系列根号矩形。上述提到的$\sqrt{4}$矩形，即为两个正方形组成的矩形。

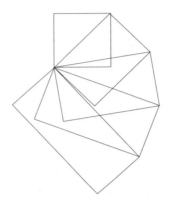

图 3-21　平方根矩形第三种画法

　　综上可知，根号矩形有如下性质：首先，从朝向平方根矩形对角的角顶，向对角线作垂线，并延长与长边相交，再从该交点画平行于短边的线将原矩形切断，于是就形成了以前面第一种画法的垂线作对角线的矩形，这个小矩形和原形相似。

　　如原形为$\sqrt{A}$矩形，则因小矩形的长边为1，短边为$1/\sqrt{A}$矩形，而叫倒数矩形。短边$1/\sqrt{A} = \sqrt{A}/A$，即为原根号矩形的长边的$1/\sqrt{A}$。因此，$\sqrt{2}$矩形的长边可分成两段，每段为倒数矩形（$1/\sqrt{2}$矩形），也就是说$\sqrt{2}$矩形由两个小的$\sqrt{2}$矩形组成（图3-22）；$\sqrt{3}$矩形由三个小的$\sqrt{3}$矩形组成（图3-23）；$\sqrt{5}$矩形有五个小的$\sqrt{5}$矩形组成（图3-24）。

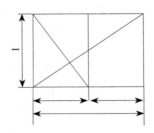

图 3-22 $\sqrt{2}$矩形与其倒数矩形

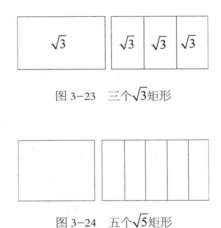

图 3-23 三个$\sqrt{3}$矩形

图 3-24 五个$\sqrt{5}$矩形

其次，若通过$\sqrt{A}$矩形中的对角线与垂线的交点作矩形两边的平行线，那么这个矩形的两边均被分成A加 1 等份，即对$\sqrt{2}$矩形来说，两边可分成三等份（图 3-25），对$\sqrt{3}$矩形来说，则分出四等份。

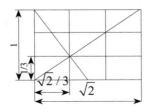

图 3-25 平方根矩形的分割

如果说，正方形具有端正稳重的面貌，那么√2矩形富有稳重的气魄，√3矩形则偏于俊俏之意，√4矩形则有瘦长的感觉。

黄金率矩形和平方根矩形具有一些共同的特性，同时富有浓厚的趣味性。如图3-26所示的黄金比矩形中，与平方根矩形同样可求出极点P，连AP延长与DC交于E点，那么ADEF即为倒数矩形（也即黄金率矩形）。在此矩形中，原垂线成了新的对角线，原对角线变成垂线，从而又可作出新的矩形DEHG。这样依次进行下去，该矩形一方面按黄金比缩小，另一方面又以极点为中心无限地环绕着该点趋向极小。因此，黄金矩形也称为旋转矩形。

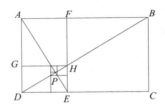

图3-26 依次缩小的黄金矩形

黄金矩形与正方形、√5矩形之间关系密切。如图3-27所示，如将两个黄金矩形ABCD与EFGH置于正方形FBCG两侧，使正方形为两个黄金矩形的重叠部分，这时，矩形AFGD为√5矩形。

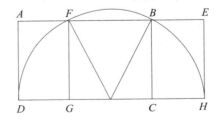

图3-27 黄金矩形与√5矩形

平方根矩形的比率也很有实用价值。目前，世界上许多国家纸张的规格就普遍采用根号矩形。因此这种比例的纸，无论几开，都具有相同的边长比例。

（2）数学原则。

17 世纪以后，数学有了很大的发展，复杂的几何现象被归纳为简单的有理数和无理数的比率，于是就出现了以形体比率绝对数值作为研究比例形式的数学原则。

在工业产品造型设计中，比例的数值关系须严谨、简单，相互间要成倍数或分数的分割，才能创造出良好的比例形式。常用的比例有等差数列比、调和数列比、等比数列比、含有无理数的比率、弗波纳齐数列比和贝尔数列比等。

（3）模数原则。

模数是一种度量单位。美的造型从整体到部分，从部分到细部都由一种或若干种模数推衍而成。如图 3-28 所示是高宽比相同的一系列矩形。它们具有共同的对角线和相同的比率，因此产生了统一、和谐的美感。例如，利用对角线确定窗子的横档和直棂的划分，可产生一种和谐的美感；又如，建筑的窗口的高宽比和所在墙面的高宽比一致，那么窗口和墙面之间也会产生上述美感（图 3-29）。

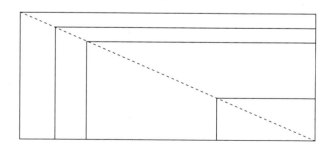

图 3-28　等比例矩形

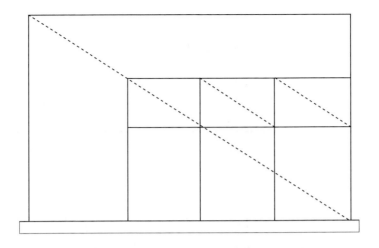

图 3-29　等比例矩形设计应用

若干个毗连或相互包含的几何形，如果其对角线平行，则形体就具有相等的比率。如处理得当，就能获得良好的比率（图3-30）。

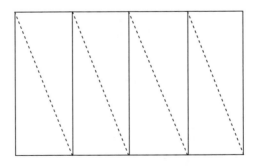

图 3-30　对角线平行

两个矩形的对角线垂直相交，那么这两个矩形也具有相同的形体比率，同样能达到和谐的美感（图 3-31）。

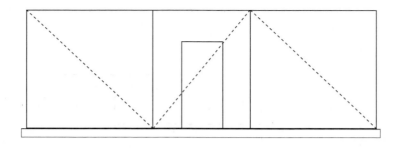

图 3-31　对角线垂直

如果这些矩形的对角线，既不平行又非垂直相交，那么这些形体就因缺乏良好的比率关系而显得杂乱，无和谐感（图3-32）。

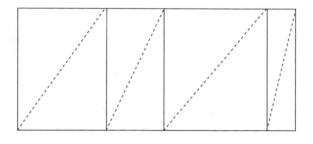

图 3-32　比例关系杂乱的矩形

将这些源于建筑艺术的比率关系引入工业产品的造型设计，可用其指导形体的比率设计。如图 3-33a 所示，将整个形体进行分割，成为如下比率：$AD / AB = AB / AF$。又如图 3-33b 所示的分割，由于 $AD / AB \neq AB / AF$，可见这里的 EF 为一根位置不肯定的线，使形体划分效果不明确，所产生的比率关系就不明晰，无法产生相同比率的和谐美感。

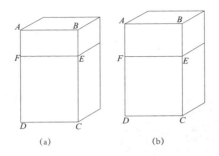

图 3-33 形体的比例分割

（a）等比例；（b）不等比例

（4）比例的运用。

产品的形体比率关系一般与自身的结构直接相关，应根据力学原理及材料、生产技术来决定。同时还要考虑艺术的形式美问题，即将产品的结构功能与造型形式完整地结合起来，使产品既有合理的形体比率又有美丽的造型（图 3-34）。

2. 尺度

尺度是衡量产品轮廓的标准。在更多情况下，它是指与人相关的尺寸，以及这种尺寸与人相比较所得到的印象。造型设计中的尺度，主要指产品与人在尺寸上的协调关系。产品是供人使用的，尺寸大小要适合人的操作使用。例如，手表的外形尺寸就要与人的手腕粗细有个适当的比较关系。男士的手腕较粗，男式手表体积相应地可以略大些，而女士的手腕较细，所以女式手表体积要小些，造型也灵巧些。否则，就会因尺寸失调而影响手表造型的美感。

尺度与产品的功能是分不开的。为使产品很好地为人服务，则须有一个统一的尺度，这不仅是创造和谐统一的形式美的重要手段，而且也是使产品宜人的重要方面。

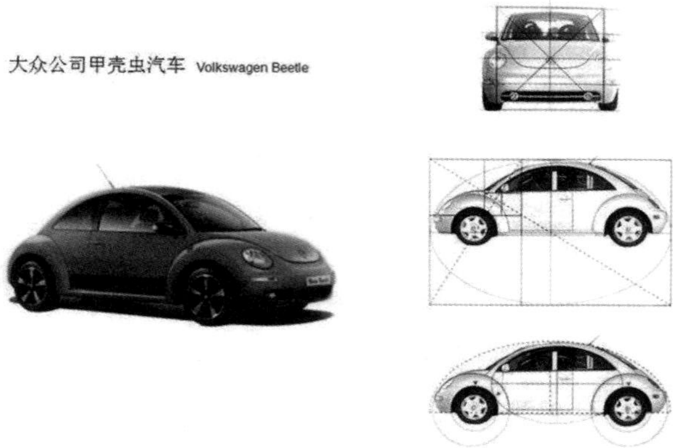

（a）

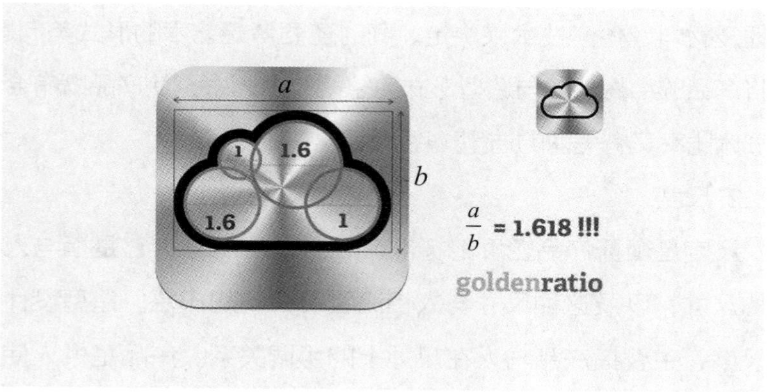

（b）

图 3-34　黄金分割矩形设计的产品

（a）德国大众公司甲壳虫汽车外观符合黄金分割矩形；（b）iCloud Apple 设
　计的杰作，云边缘的"波形"由一系列的圆组成，整体符合黄金分割矩形

3.2.3　对比与调和

　　对比即事物内部各要素之间相互对立、对抗的一种关系，对
比可产生丰富的变化，使事物的个性更加鲜明。调和是指将事物

内部具有差异性的形态进行调整，使之和谐统一，体现具有同类特征的关系。对比是变化之根，调和是统一之源。

1. 对比与调和的关系

对比与调和反映事物内部发展的两种状态，有对比才有事物的个别形象，有调和才有某种相同特征的类别。

在造型艺术中，对比可使形体活泼、生动、个性鲜明。它是获得丰富形式的一种重要手段。对比与调和相对，对比强则调和弱，调和强则对比弱。产品造型设计中把握其"度"很重要，过强的对比会使造型显得突兀、动荡不安，而对比不足则调和又显得呆板、平淡。对比与调和是矛盾的双方，相互制约、相互作用，存在于事物的同一性质中，如形体与形体的对比与调和，色彩与色彩的对比与调和等。

在产品造型设计中，具有对比特点的形式的要素很多，属于形态方面的有方圆、曲直、横竖、大小、长短、宽窄、粗细、繁简、凹凸等；属于色彩方面的有明暗、冷暖、进退、缩张、鲜灰、轻重等；属于质感方面的有光滑与粗糙、华丽与朴素、有光与无光、柔软与坚硬等。

在实际设计中要根据不同产品的类别，不同的功用乃至不同的消费群体来协调把握对比与调和。总之，既要使产品生动、丰富，又要合理美观而实用。

例如，在儿童用品设计中，在形式要素上可大胆运用对比，造型上可活跃，追求多样；色彩上可艳丽而夸张，如可运用对比色、互补色搭配，体现活泼、欢快的效果，以符合儿童生长的生理特征；而在设计老年人使用的产品或在医院、卧室等处使用的产品则多以调和为主，造型、色彩等的对比都不宜过强，以体现平静、温和、舒适的特点（图 3-35）。

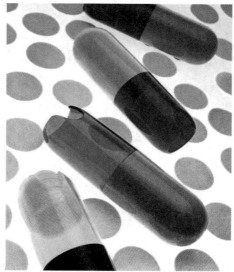

图 3-35　Alessi（阿莱西）的经典产品

2. 对比与调和的具体形式

（1）形态的对比与调和。

生活中的各种事物都以不同的形态表现为一种客观存在，其可观可感，人们可通过视觉感受到不同形态的样式。主要有原生形、派生形、单一形、复合形、具象形、抽象形、几何形、自然形、有限形、无限形等。不同的形态都可形成一定的对比与调和关系。

产品造型形态的对比与调和主要表现为以下各元素相互关系的变化。

①线型的对比与调和：线型是造型中最有表现力的形式，主要有曲直、粗细、平斜、疏密、连断等。

曲直主要指造型中线、面的曲直关系。曲直可产生丰富的对比与调和关系，曲直关系的强弱要根据不同造型的产品来决定。例如，交通工具设计、电子电器产品设计和化妆品容器设计多以曲线为主，讲究调和感，易产生亲近感。"波状线是一种真正称得上美的线条，而蛇行线是富有吸引力的线"，因而曲线造型可产生浪漫温柔的美感。

②体形的对比与调和：任何产品都有一定的形态，形体之间的对比与调和可使形式更加丰富。在造型形式上主次分明，可使局部更加细致、活泼。如电视机主体部分是方的，而其各小控制键可利用圆的造型，形成方圆的对比。

自然界中的事物千姿百态，自然界各种生物的生长合乎自然的规律。由于生存的需要，很多生物的形态一般趋向于圆形。例如，植物的果实是圆形的，花朵是圆的，"太朴一散，则立发器生"指的就是由圆形分解成的各种物形。圆形属于原生形态，其他形状则属于派生形态。圆形、矩形、三角形是基本三原形，在现代设计里运用广泛。形态的确定一般取决于产品的功能，如车轮是圆的、灯泡是圆的，而书本是方的。三原形形体的肯定性一般体现着单纯的形式美感，从视觉张力的角度来分析，各自有着不同的视觉冲击力。在视觉感受中，圆形的视觉张力是向四面八方的，视觉张力在整体上产生运动感，而矩形和三角形的张力则是沿边线或对角线向外发射，视角张力的大小相同，具有相对的方向感和稳定感。矩形、圆形、三角形之间相互运用可产生丰富的对比与调和的效果。

（2）材质的对比。

这是由于材料不同而给人心理上造成的感觉。尽管材料的对比与调和往往对产品功能不起决定性的作用，但同一产品用不同质感材料来表现，可产生不同的视觉效果和触觉感受。

材质主要表现为软与硬、刚与柔、朴素与华丽、光滑与粗糙、透明与不透明等。

①软与硬：这是指材料的物理密度。密度大的材料一般较硬，如大理石、钢材、玻璃等；密度小的材料一般较软，如毛皮、泡沫、塑料等。在产品造型设计中，常常用到不同软硬的材料，通过材质的运用可产生丰富的对比与调和的关系，一般来说，以一种材料为主其调和感强，多种材料结合其对比感强。材料物理性质中的软与硬同时又受心理因素影响，如同一种属性的材料运用不同的色彩、图案则会产生不同的软硬效果。

②刚与柔：这主要指造型形态给人的一种心理感觉。基本三原形本身就有不同刚柔效果：三角形、方形给人稳重向上感，让人联想到刚强、力量、庄重；圆形、弧形、波浪形给人运动、变化感，让人联想到柔和、体贴等。一般来说，如果产品形态差异大其对比的效果就强，形态差异小则调和强。

③光滑与粗糙：光滑与粗糙的质感往往视觉效果强烈，可通过视觉与触觉来感受。光滑与粗糙能表现产品不同的风格与情趣，光滑的材料给人精细、高档、珍贵感，粗糙的材料给人自然、朴

素、低劣感。光滑与粗糙的质感之间易产生强烈的对比关系，在突出产品的某一部分或产品与包装之间的关系时常常利用此对比。

（3）色彩的对比与调和。

自然界中事物五彩缤纷、色彩绚丽、自然生动，有了色彩，事物就有了美和生命，产品设计的美感问题同样离不开色彩的研究。通常人对色彩的认识有两个方面：一是色彩物理性质上的感受；二是色彩心理上的感受。两种感受所产生的对比与调和主要是通过色彩的色相、明度、纯度、冷暖等关系表达出来的。

①色相：在产品造型设计中，不同色相的搭配会产生不同的效果。一般情况下，同类色、类似色、邻近色相互搭配均能产生调和效果；而对比色、冷暖色、互补色相互搭配均能产生对比效果。但实际设计的搭配中要注意合理的关系，否则会出现无力、没落、生硬、不安等缺点。

②纯度：即色彩的鲜灰度，不同鲜灰度的色彩会对造型产生不同的影响，一般高纯度的基调会产生对比效果，低纯度的基调易产生调和效果。一般来说，在产品设计中纯度的高低与产品的体积有很大关系。体积较大的工业产品如飞机、轮船、大型机械等纯度不宜过高，体积较小的产品如小型电器、生活器具等纯度可适当提高，以增强产品的视觉感受。

③冷暖：即人对色彩的心理感受，不同波长的色彩搭配会产生不同的冷暖效果。冷暖的搭配往往效果强烈，在大面积运用时要注意对比的"度"，特别是冷暖中补色的对比一定要注意在纯度、面积、距离、位置、聚散等方面的关系。

在色彩上追求对比与调和往往使产品形式感更加生动，色彩范畴中可产生对比与调和关系的形式还有很多，可在设计实践中逐步体会。

总之，对比与调和是设计美学的一个重要问题，运用时要具体问题具体对待。产品造型的整体统一是形式美的根本，合理地利用对比与调和往往使产品更加生动。在统一的前提下运用适当的对比，可起到画龙点睛的作用。在复杂的形式中运用调和可使造型更加统一而丰富。

3.2.4 对称与均衡

事物的造型一般表现为相对稳定的一种形态，而在各种复杂的形态中又体现出一定的形式美感，并在一定程度上蕴含着对称与均衡的关系。对称与均衡反映事物的两种状态即静止与运动，事物是运动发展的，但受重力的作用又表现为相对静止。对称具有相应的稳定感，均衡则具有相应的运动感。

1. 对称

对称是生物体自身结构的一种合乎规律的存在方式。生活中对称的形式随处可见，就产品造型设计来讲对称的含义更加丰富。对称是客观存在的一种现象，古代人在狩猎农耕时，就发现对称的存在，并加以运用。人与动物的正面造型、植物的叶脉、鸟类和昆虫的羽翼、树木与水里的倒影等，都表现为对称或近似对称的形式。我国古代的很多建筑如北京的故宫、皖南的民居、杭州的六和塔以及传统的家具、室内的陈设、劳动工具、生活中的器具都表现出明显的对称关系。

对称是求得稳定美感的重要形式，表现出多种样式：

① 轴对称。即事物形体的左右、上下各方完全一致，在轴线处折叠后，双方完全重合，如图 3-36a 所示。

② 旋转对称。即将轴对称的造型绕对称轴线上的某点旋转所得到的形象，如图 3-36b 所示。

③ 螺旋对称。即将非对称的形象绕某中心点旋转所得到的一种对称形式，如图3-36c所示。

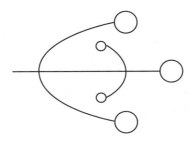

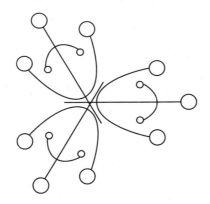

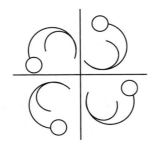

图3-36 对称的基本类型
（a）轴对称；（b）旋转对称；（c）螺旋对称

造型对称的产品在实际生活中应用广泛，小到纽扣、剪刀、手表，大到汽车、飞机、大型机床等，为了追求安稳和平衡多以对称形式造型。

对称形象具有一种定性的统一形式美，能给人带来庄严和稳重的美感，但若处理不当也会使人产生呆板和单调之感，因而在造型的形态布局上有时要与均衡结合起来运用。

2. 均衡

如果说对称是造型各方同形同质的体现，那么均衡就是异形同质的体现。均衡所表现出的形式美要比对称更丰富。

均衡是指造型在上下、左右、前后的布局上出现等量不等形的状态，即事物双方虽外形的大小不同，但在分量上、运动的力度上却是对应的一种关系。例如，静止的人表现为一种对称，运动的人则表现为一种均衡。对称与均衡是事物的两种状态，对称是比较规则的形式，可视为均衡的完美形式。生活中的事物更多是以均衡形式存在，均衡有着多样、丰富的形式。均衡是对称的发展，一般表现为等量不等形、等形不等量、不等量不等形及等量等形（对称）几种形式（图3-37）。均衡表现出的关系不能被简单地看作地球对物体的引力。在艺术中均衡同时受人心理作用的影响，例如，艺术中的造型、色彩、质感、图案等形式语言的视觉效应可改变事物的均衡关系，这种关系的改变主要是视觉对心理的影响所造成的。对称的物体可通过改变色彩图案等形式因素来求得均衡感。一般来说，形体规则的造型比形体复杂的造型更具均衡感，色彩关系明确的要比关系混乱的更具有均衡感，装饰图案简洁的要比复杂的更具有均衡感。

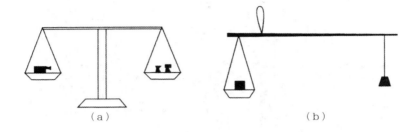

图 3-37　等量均衡与异量均衡

（a）等量均衡；（b）异量均衡

　　利用均衡法造型，在视觉上会给人一种内在的、有秩序的动态美。它比对称更富有趣味和变化，具有动静有致、生动感人的艺术效果。正因为这样，均衡是造型设计中广泛采用的形式美原则。但是，均衡的重心却不够稳定、准确，其在视觉上的庄严感和稳定程度，仍然远远不如对称造型，因而不宜用于庄重、稳定和严肃的造型物。正因为这样，对称与均衡这一形式美原则，在实际运用中往往是对称和均衡同时使用的。它或者在总体布局上是对称的，而在局部采用了均衡，或者在总体布局上是均衡的，而在局部采用了对称，或者产品造型采用了对称形式，但在色彩设置、装饰布局上则采用了均衡的原则等。总之，对于对称与均衡这一形式美原则的运用，要特别注意综合全局，灵活多样，以便使产品在视觉上能产生出活泼感和美感。这是设计者所不能忽视的（图 3-38 和图 3-39）。

图 3-38　德国 Raymond Loeway 设计

图 3-39　纽约 Ran Lerner 设计

3.2.5　稳定与轻巧

　　稳定与轻巧是在研究物体重力的基础上发展而来的美学形式。自然界中的静止物体，在地球引力的作用下，若要保持一种稳定状态，靠地面部分往往大而重，上面部分则相对小而轻。这说明稳定是指造型物之间的一种轻重关系，这种关系就是力学平衡和安定的原则。轻巧是指造型物上下之间的大小轻重关系。

稳定很大程度上体现出静止、平稳，如建筑、雕塑一般给人以稳定和平静感。轻巧则往往显示出运动和轻盈感，如汽车、飞机的设计要讲究轻巧感，以体现运动与速度感。稳定与轻巧虽反映物理学的性质，但同时也体现出形式美学的关系。

1. 稳定

稳定包含两个方面因素：一是物理上的稳定，是指实际物体的重心符合稳定条件所达到的安定，是任何一件工业产品所需具备的基本条件。物理上的稳定使产品具有安全可靠感。物理稳定是视觉稳定的前提，属于工程研究的范畴。二是视觉上的稳定，即视觉感受产生的效应，主要通过形式语言来体现，如点、线、面的组织，色彩、图案的搭配关系，不同材料的运用等，以求视觉上的稳定，属于美学范畴。

2. 轻巧

轻巧是指在稳定基础上赋予一定程度活泼运动的形式感，与稳定形成对比。需要注意的是，轻巧在基本满足实际稳定的前提下，可以用艺术创造的手法，使造型物给人以灵巧、轻盈的美感。如果说稳定具有庄严、稳重、豪壮的美感，那么轻巧具有灵活、运动、开放的美感。

3. 稳定与轻巧的关系

稳定与轻巧是一对相对的形式原则，互为补充，仅有稳定没有轻巧的造型过于平稳冷静，而仅有轻巧没有稳定的造型则略显轻浮，无分量感与安全感。在产品设计中稳定与轻巧要灵活运用，不同类型的产品，其侧重有所不同，有些产品既要有物理上的稳定又要有视觉上的稳定。例如，大型机床产品既考虑实际的安全、稳定，又要符合视觉的稳定，以便人们更好地操作。有些产品要求物理上稳定而视觉上轻巧，如家用电器和一些经常移动的产品。获得稳定与轻巧的因素很多，大体上可从以下几个方面来分析。

① 物体的重心。物体的重心一般与产品的高度有关。高度较高的物体，其重心较高，往往给人以轻巧感，如落地电扇、摩托车等；高度较低的物体，其重心也较低，往往给人以稳定感，如沙发、床。追求稳定感除物理上的重心外，还存在心理上的重心问题，即视觉重心，是由造型物体外部体量关系引起的。

② 底面接触面积。产品的底面接触面积较大时，整体造型具有较强的稳定感；底部面积较小的形体则具有较弱的稳定感，且具有一定的轻巧感。底部接触面积的大小与产品的尺度有较大的关系：一般尺度较高、重心偏上的产品，其底面接触面积不宜过小；尺度较低、重心也低的产品，其底面接触面积则不宜过大，否则会显得笨拙。底面的接触面积大小也与其他方面有关，如功能、位置等。

③ 体量关系。尺寸由上而下逐渐增加且重心偏下的产品具有较强的稳定感；体量小、开放的产品具有一定的轻巧感。

④ 结构形式。对称的结构具有很好的稳定感，均衡的结构则具有一定的轻巧感。

⑤ 色彩分布。明度、纯度较高的色彩具有轻巧感，明度、纯度较低的具有一定的稳定感，色彩位置不同的分布也会产生不同的视觉感受。

⑥ 材料质地。材料的质地往往对人的心理感受产生很大影响。不同的材质也会产生不同的视觉感，如粗糙、无光泽、色彩暗淡的材料有较强的分量感；反光强烈、细腻的材料则相对的轻巧。另外，受人们思维定式的影响，对不同密度的材料的轻重感觉是不一样的，金属材料一般要比合成材料有较大的分量感。使

用密度较大的材料时要注意把握轻巧感，在使用较小密度的材料时要注意重心的稳定感。

在产品设计中追求稳定与轻巧的美感与很多因素有关，但形式要追随功能，稳定是前提，要将实用理念与外在的形式结合起来，从而使造型与功用和谐统一。

3.2.6 节奏与韵律

1. 节奏

节奏即事物内部各要素有规律、有秩序地重复排列，形成整齐一律的美感形式。节奏体现事物普遍的发展状态，事物的发展虽是错综复杂的，但还是能找到一定的规律，在错综复杂中有反复即形成节奏感。在自然界和人类社会到处都体现出节奏的形式，如昼夜交替、四季轮回；人类起居、呼吸、新陈代谢、脉搏跳动均表现出节奏。

生活中充满着节奏，在艺术领域里同样大量存在着节奏。音乐里节拍的强弱，音量的轻重缓和，舞蹈里动作的重复变化，绘画中点、线、面的重复运用，诗歌韵律的反复出现，电影情节的起伏变化等，都体现着节奏的关系。特别是在装饰绘画语言里的二方连续的样式是节奏感最突出的形式。节奏可使艺术作品更具条理性、一致性，加强艺术的统一、秩序、重复的美感。

2. 韵律

节奏有强弱起伏、悠扬缓急的变化，表现出更加活跃和丰富的形式感，这就形成了韵律。韵律是节奏的更高形式，节奏表现为工整、宁静之美，而韵律则表现为变化、轻巧之美。节奏是韵律的变化，韵律是节奏的深化。

3. 韵律的基本形式

① 连续韵律。产品结构形式的各要素，如体量、色彩、图案、肌理等有条理有规律地排列重复，形成统一连贯的美感即为连续韵律（图 3-40a）。

② 渐变韵律。即造型的形式要素按一定的规律变化。例如，点由大到小、线由密到疏、色由浓到淡，或各要素时而增强、时而减弱所形成的有节奏的变化规律（图 3-40b）。

③ 起伏韵律。如图 3-40c 所示，各元素具有高低、长短、大小、方圆、粗细、虚实、曲直、软硬的起伏变化而形成的一种节奏韵律。

④ 交错韵律。即指连续重复的构成要素按一定规律互相交织穿插而形成的韵律形式（图 3-40d）。

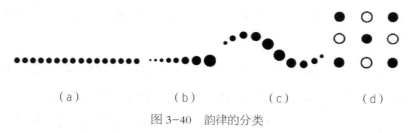

（a）　　　　　（b）　　　　　（c）　　　　　（d）

图 3-40　韵律的分类

（a）连续韵律；（b）渐变韵律；（c）起伏韵律；（d）交错韵律

3.2.7　过渡与呼应

在产品设计中往往会出现因结构功能的关系使产品造型要素之间的差异过大，出现对比强烈、杂乱无章的外形；不同结构的形体反差较大，使造型缺乏统一的形式美感；点、线、面的关系混乱，色彩的基调不明确。这些因素在一定程度上也影响到产品的功能效应，为了解决这些问题，就需要采用过渡与呼应的手法来进行处理，以获得统一的形象。

1. 过渡

过渡是指造型中两个不同形状、不同色彩的组合之间采用另一种形体或色彩，使其关系趋于和谐，以此削弱过分的对比。过渡可理解为由此及彼的中间过程，属于不确定的阶段，也正是这种不确定的阶段，恰恰显出了两种形态的关联性，既反映此状态又反映彼状态。自然界中冰雪融化为水的过程，即为一种自然现象的过渡。在生活领域中过渡的形式很多，如方形逐渐变为圆形，其中间的阶段也为一种过渡现象。就产品造型来说，过渡主要是通过形式语言的变化来获得的，如点、线、面、体的过渡承接，形成一定的变化节奏。但过渡的程度不同会产生不同的效果，如果形体与形体的过渡幅度过大，则形体会产生模糊、柔和、不确定的特征；如果过渡的幅度不足则会出现生硬、肯定、清晰的特征（图3-41）。过渡有几种类型：形体与形体之间若无中间阶段的过渡，称之为直接过渡，即一种物形直接过渡到另一种物形。直接过渡一般会造成形体的强烈对比，在设计一些需柔和效果的产品时要尽量加以避免。另一种为间接过渡，能使形体产生协调的效果。

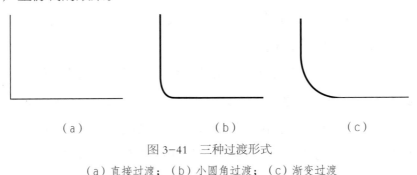

（a）　　　　　　　（b）　　　　　　　（c）

图3-41　三种过渡形式

（a）直接过渡；（b）小圆角过渡；（c）渐变过渡

2. 过渡的几种形式

① 渐变过渡。这是将差异较大的结构进行逐步的变化，如

形体由大变小，色彩由明变暗，而获得的一种过渡效果。 续　表

② 延异过渡。这是指利用形的相似性或相异性，使两种相差较大的形态通过过渡实现形态的调和。

③ 起伏过渡。这是将有一定差异的形态按一定强弱关系进行过渡，产生虚实相间的效果。

3. 呼应

在造型艺术的形式美中，过渡表现为一种运动的过程，而呼应则表现为运动的结果。呼应即通过造型形式要素的形、色、质的过渡而取得首尾呼应的一种关系。过渡是呼应的前提，呼应是过渡的结果。它们相互影响、彼此关联，仅有过渡没有呼应使形体不完整，没有过渡则呼应缺乏根据，过渡与呼应即统一与变化的关系。

3.3
经济性原则

产品设计是市场竞争的产物，它来源于市场经济，又服务于市场经济。不少发达国家纷纷把工业设计列为发展经济和增强国力的一项国策。产品设计与经济的关系如此紧密，经济性原则是指产品设计的经济性，就是使产品制造过程中使用最少的财力、物力、人力和时间，又能得到最大的经济效益；使产品在满足实用性和审美性的前提下，达到可靠性和使用寿命的预期要求，做到"经济实用、物美价廉"。因此，在市场经济体制下，工业设计师的每一项设计必须把经济上的可行性放在首要地位。因为要实施一项设计，首先就需要有资金作支持，一个设计项目投资者

只有在他确信其所投资本不会受到损失，而且还可以在其投资额预期内得到一笔可观的利润回报时，才可能对该项目进行投资。如果一个设计项目既不能使制造者赚钱，也不能给用户带来足够的好处，也就无法证明它的合理性，那么这个项目设计也就失去了它的实际应用价值（表3-2）。

表3-2　项目设计综合评分表

项目		评分标准	评分	方案得分
技术性价值	A. 独立性	与其他产品无类似之处	5	
		有类似，但远胜于其他产品	4	
		有类似，但不低于其他产品	3	
		有类似，但低于其他产品	2	
	B. 技术发展远景	有世界发展可能	5	
		有国内发展可能	4	
		具有国内水平	3	
		发展前途小	2	
经济性价值	C. 贡献程度	对提高质量、产量有很大贡献	5	
		对提高质量、产量有较大贡献	4	
		对提高质量、产量有一定贡献	3	
		能否有贡献尚有问题	2	
	D. 可解决问题程度	能解决本企业内的重大问题	5	
		能解决本企业内的很大问题	4	
		能解决本企业内的某种问题	3	
		解决的问题不大	2	

项目		评分标准	评分	方案得分
可行性价值	E. 技术成功可能性	非常有希望	5	
		很有希望	4	
		一般	3	
		没有希望	2	
	F. 研究开发能力	有充分的技术、设备能力	5	
		有一定的技术、设备能力	4	
		有较低的技术、设备能力	3	
		能力很差	2	

综合评价分数 =（A+B）×（C+D）×（E+F）

　　现代的经营观念认为：设计、制造和销售产品只是企业经营的开始，企业经营的真正重点是要使用户在使用产品的过程中感到满意。这时，不仅要求产品的使用性能要完全满足使用者的需求，而且要求产品的使用费用达到最少。当然，产品的使用性能、使用费用和产品的制造费用三者并不是一致的，它们的综合结果就表现出产品设计的经济效果，即产品设计的"经济性原则"。因此，我们要对产品的经济效果进行分析，从中得到最佳的设计方案（图 3-42）。

　　设计必须在职业道德、法律和安全限度的制约下取得最大的利润，而不能为了增加利润而在设计中偷工减料。因此，设计师在设计产品时，为了达到"经济性原则"，要着重抓好以下几个方面的工作。

图 3-42　华为手机

1. 优化设计项目方案

设计方案的优劣直接决定产品成本的高低。因此，要十分注重设计方案的论证工作。设计论证工作是一项十分认真严肃的事情，容不得半点马虎。在每一个设计方案中，均应在充分调研的基础上进行深入的技术经济分析，通过多种方案比较，最终选择出最佳方案。

2. 保证设计项目方案质量

高质量的设计，不仅能给企业和社会带来较好的经济效益和社会效益，而且还能合理利用资金，最大限度地发挥投资效益和产品效益。每个设计人员必须以科学参数和可靠资料为依据，认真按照设计程序工作，确保设计质量。

3. 做好设计项目概预算

对于一个项目的预测性投资额，要做好计算。这看来似乎不是设计师的工作，而是项目投资方或项目预算师的事情，其实不然。深入详细的产品设计方案，必须在产品设计各阶段考虑该项目产品生产的投入，无论是材料、工艺、模具、生产流程、零部件的加工采购、包装、运输等，都涉及产品成本核算的问题。设计师如果不考虑这些因素，势必会增加产品成本。设计师通过精心设计，把项目投资控制在经济合理的范围之内，会起到事半功倍的作用，所以，"求适性原则"在产品设计中显得尤为重要。

复习思考题

1. 人机工程学的发展经历了哪三个阶段？各有何特点？

2. 人机工程学的研究与工业产品造型设计有什么关系？

3. 试比较数字显示与模拟显示的特点，并举例说明其应用范围。

4. 工业产品造型设计形式美的原则有哪些？

5. 试述统一与变化的相互关系。

6. 产品造型的对比与调和设计的手法有哪些？

7. 根据操纵装置的设计原则，试选择一种手动操纵装置，设计其手握部分的形状。

8. 工业产品比例依据的理论主要有哪些？

9. 观察日常生活中的产品造型，分析美学原则在其中的应用。

第4章
产品设计的现状
与发展趋势

4.1
产品设计的现状

大力发展产品设计，是丰富产品品种、提升产品附加值的重要手段，是创建自主品牌、提升工业竞争力的有效途径，是转变经济发展方式、扩大消费需求的客观要求。

4.1.1 产品设计存在的问题

产品设计已经成为全球各地区新的经济增长点和重要支撑，世界上许多发达国家和新兴工业国都极为重视产品设计，将其作为实现经济集约增长的关键要素和推进国家创新战略的重要环节。在各国政府的关注和扶持下，国际市场上一大批具有雄厚设计实力的大型企业脱颖而出，如美国波音公司、IBM、苹果公司（图4-1），德国奔驰、宝马（图4-2）、大众、西门子，日本佳

能、索尼（图 4-3)、丰田等企业，无不以其卓越的产品设计占
领全球市场制高点。

图 4-1　苹果公司总部

图 4-2　德国宝马汽车总部

图 4-3　日本索尼工厂

据中国产业调研网发布的《2016 年中国工业设计市场现状调查与未来发展趋势报告》显示，在"大环境"改善的情况下，一些原来领先的企业继续领跑，一批新兴后上企业急步向前，涌现了一批领军人物和优秀产品，许多产品不但获得国内"红星奖"，还获得国际上知名的奖项。2014 年 12 月 17 日，中国工业设计协会"设计知识产权交易中心"成立。我国工业设计产业在取得长足发展后，在北京、长三角、珠三角地区设计产业呈现欣欣向荣局面的同时，总体水平上还与成熟的发达国家有较大的差距，主要表现在以下几个方面：

1. 产品设计的基础相对薄弱

相比其他国家，我国的制造业长期处在"中国制造"阶段，存在起步晚、基础差的特点。1986 年，我国第一家专业设计公司成立。虽然设计公司数量日渐增加，但是其工业设计的创新意识不强，更多时候仍是奉行"拿来主义"，真正能够转化为生产力的少之又少。

2. 对于产品设计的作用认识不到位

首先，在政策扶持方面有的地方缺少长期规划，偏向于"短、平、快"，重视短期的能够容易出效益的产品，而缺乏对产品设计的必要扶持；其次，对知识产权保护不足，不利于产品设计的长期发展；最后，作为企业，营利的目的使得大部分企业宁可花大价钱去买一项技术，也不愿意将资金投入设计上去。认识的不足直接影响了工业设计的发展。

3. 产品设计与市场需求不符

目前，高职院校在对产品设计专业人才进行培养时，往往是"为了研究而研究"，大多重视培养学生的理论研究水平，而缺乏对市场需求的分析，导致工业设计水平一直处于初级阶段，设计方案常常不符合实际情况，工业设计与实际应用脱节。

4. 产品设计缺乏创新动力

虽然我国是世界上最大的制造业国家，创新意识在不断增强，出现了一些诸如海尔、联想等综合实力较强的企业，它们专门成立了工业设计部门以提高产品设计水平，但是，从整体来看，我国大部分企业创新意识不够强，缺乏创新的动力。

5. 产品设计的民族底蕴表现不够

经济全球化推动了我国产品设计理念朝国际化方向发展，但民族底蕴表现仍然不够，虽然中国的传统元素被显示在产品的外包装上，但是更多时候，它们只是一种装饰的手段或方法，并没有真正地融入创新中去。

4.1.2　产品设计的发展对策

我国的产品设计在面临巨大挑战的同时有着巨大的发展潜力，问题就在于如何正确合理地引导，这就需要借鉴国外先进国家发展的经验，找出适合我国发展的模式，实现我国设计产业的腾飞。对于如何推动我国产品设计发展，可以从以下几个方面入手：

1. 加大投入和支持

一方面，政府要从整个市场的良性发展着眼，更加重视企业工业设计的重要意义和作用，调整相关政策，加大扶持力度，为设计业提供更多的机会和空间，引进更多的设计人才。同时，各地政府要结合自身实际，将产品设计与当地优势产业结合起来，完善产品设计的经济实现机制，提高企业的创新能力，激发企业的生产热情，使得产品设计研究符合产品生产的需求，缩短二者之间的差距。另一方面，企业要更加重视产品设计的自我创新，有条件的企业可以设立工业设计部门，自主研发产品，对于优秀的设计人才要给予鼓励和奖励，建立自主品牌以提高自身竞争力。

2. 健全人才培养和引进机制

我国对产品设计人才的培养主要是通过高等职业院校设立产品设计相关专业进行教学式培养，在这种模式下，产品设计专业人才的理论水平得到了很大提高。但理论离不开实践，只有在实践中发挥主观能动性，才能不断完善和丰富理论知识，推动理论向深层次发展。人才的培养亦是如此，培养人才的目的不仅仅是灌输他们多少理论知识，更重要的是要发挥他们的主观能动性，培养他们的实践应用能力，让他们做到"学以致用"。因此，高等、高职院校在培养产品设计人才的时候应当将市场需求与教学知识结合起来，对教学模式、课程设置等进行相应的改革才能培养出更加优秀的产品设计人才。此外，国家和企业还要进一步优化人才引进机制，借鉴其他发达国家在产品设计人才培养和引进方面好的做法和经验，留得住人才，好好利用人才。

3. 在产品设计过程中要增强创新意识

在产品设计过程中，要大力倡导发展诸如环境保护设计、生态设计等绿色设计理念。但同时要注意，创新不是不切实际的盲想，创新必须要建立在市场需求的基础上，从实际情况出发，在考量经济效益的同时还要权衡环境效益。

4. 加强中国特色的产品设计建设

从长远看，中国要建立自主品牌，必须要加强具有自身特色的产品设计发展。同时要注意到，融入中国元素并不是做简单的加法运算，而要考虑功能、理念等多种因素。

总之，发展我国产品设计是实现从"中国制造"走向"中国创造"的必由之路。基于我国现阶段产品设计的不足之处，国家和企业都必须从市场需求的角度出发，站在现代工业和传统文化的基础上，运用现代科技手段有创造性地进行产品设计，才能不断提高国家和企业的竞争力，开创具有中国元素、民族文化底蕴的产品设计道路。

<h2 style="text-align:center">4.2
产品设计的多元化发展</h2>

4.2.1　设计多元化的兴起

设计的多元化其实与地域文化有关。这在最初设计的产生中就有所体现，如最初的器具纹样，就有豪华与简洁之分；到了手工业时代，自然环境成为决定设计多元化呈现的重要因素。以建筑为例，我国北方气候相对寒冷，地形平坦开阔，材料相对南方来说也较单一，民风淳朴、粗犷、憨厚，受自然环境、人文因素的综合影响，建筑多呈现色彩鲜明、敦厚大气、质朴的特色；而南方气候潮湿，雨水偏多，且平原相对较少，多为丘陵山地，造就了素雅宁静、错落有致的特色。南北方建筑总体来说符合以上特点，但不论是北方或是南方，不同地域之间的建筑风格差距也极大，如北方西北地区的窑洞（图 4-4）、南方傣族的竹楼（图 4-5)、游牧民族的蒙古包（图 4-6) 等，都是设计多元化在建筑方面的体现。

伴随着欧洲工业革命的爆发，大工业时代给手工业时代设计的多元化带来了强大的冲击，这个时期的多元化是跟批量化的机器生产相矛盾的，各种尖锐的社会问题也随之而来。随着英国工艺美术运动的开展，现代设计运动拉开了帷幕，现代艺术设计的多元化风格初见端倪；20 世纪 70 年代，后工业时代来临。由于信息的普及，各地域间文化交流空前活跃，世界进入了全球化时代，与人们生活密切相关的各种设计也呈现出异彩纷呈的局面。艺术设计出现了空前繁荣的景象。现代艺术设计中多元化的设计时代正式开启。

图 4-4 西北地区的窑洞

图 4-5 南方傣族的竹楼

图 4-6　游牧民族的蒙古包

4.2.2　影响设计多元化的因素

从设计多元化的发展历程来看，影响设计多元化的因素有多个方面。

1. 经济转型与文化多元化

20 世纪七八十年代，人类社会进入信息时代，大众传播媒介以及交通、通信的发展使得不同地域的人们之间联系越来越密切，世界各地间的距离被拉近。服务业的兴起，使得设计种类增加，市场对设计的需求扩大，促使设计向着多元化的方向飞速发展。

在后工业时代，文化的多元化直接导致社会生活的多元化，不同的人群有着不同的市场要求，打破了此前现代主义设计传统的局面。高科技、极少主义、解构主义以及各种历史主义变体等思潮同时影响着后工业时代的设计风格，出现了风格缤纷复杂的后现代主义。后现代主义对于文化及艺术有很大的包容性，如意大利设计师亚历山德罗·门迪尼（Alessandro Mendini）设计的沙发（图4-7），混搭新印象派艺术家保罗·西涅克（Paul Signac）的点彩，将后现代时期的混杂性发挥到了极致。

图4-7　亚历山德罗·门迪尼设计的沙发

2.科技的进步与设计理念的发展

科技的进步对设计的影响首先体现在材料上。随着各种各样新型材料不断问世，提供设计选择的范围也越来越广，这就促使设计师们放开思想、大胆创新，从本质上转变了大工业时期设计思想受工厂批量生产的局限。

科技对设计的影响还体现在设计载体与工具的多样化上。科技的进步带来了多种多样可供设计者选择的设计工具，使设计者设计思想的表达方式更具有多样性。例如，设计软件以其能轻松处理设计效果，使得设计者的设计思维能更加直观地表现出来这一优势在设计界站稳了脚跟。多种多样的新型工具不仅使得设计的表达有了更多的选择与表现形式，并且还由此出现了一些新型的设计类别，为设计的多元化进程提供了动力。

现代社会人们的物质生活水平已经基本满足，开始有了更高的精神追求，个性的解放使设计思维更加活跃。现代社会是一个可以容纳各种思想理念的社会，由于社会中各种思想理念并存，人们对精神生活的追求也呈现多样化，进而使设计理念呈现了多元化。

3. 生活方式对设计多元化的要求

随着社会的发展，生活节奏的加快，人们的生活内容也变得丰富多彩，人们的追求较之以前也有所不同。例如，在电灯刚出现时，人们追求的仅仅是其实用功能，而现在人们的要求不仅仅是要满足照明需求，更要造型美观、亮度适宜、节能并且环保。在一些特殊的场合，灯具不仅仅作为照明之用，也能用于制造氛围或者光景观效果。在经济发达的今天，人们的生活消费领域也发生了重大的变化，其中，非物质形态的商品占了相当大的比重。人们的生活消费已从简单的物质消费过渡到以服务型消费为主。服务型消费拥有更短周期这一特点，使其设计也必然要在更短的周期内不断变换风格，以迎合市场需求。

除了要求产品的实用价值，人们对产品的设计理念、形象、包装以及品牌等非物质因素的要求也越来越高。

4. 社会思想多元化的影响

在人类发展过程中，人们在满足了生活需求之后，开始了对自身、对周围环境、对真理、对社会的思考。随着思考的广泛与深入，人们的思想越来越成熟，各种不同的思想自成一派并且相互影响，造就了不同的宗教、哲学、艺术、文化流派，而宗教以及哲学是影响艺术的重要因素。

就宗教对艺术的影响来说，一方面艺术被用来宣扬以及传播宗教思想，另一方面宗教也为艺术的发展提供了内容和题材，对艺术的发展起到了很大的推进作用，不同的宗教派别创造了不同的艺术风格，也就造就了艺术设计的多元化。哲学对艺术影响的重要地位是毋庸置疑的，哲学是人类对人、自然、社会的综合思考，包含着一定的人生态度取向，是人们思想的高度体现，因而除了客观环境的影响，艺术发展的方向还主要取决于人们的思想方向。从某种程度上讲，哲学也是社会思想的反映。不同的哲学思想带来了人们思想上的多元化，进而带来了艺术设计的多元化。

5. 审美多元化的影响

人们的生活方式、生存环境不同，所处时代、地域的不同，带来了不同时期以及不同地域人们审美观念的不同，每个时期的审美观念以及艺术设计形式也不尽相同。进入信息时代之后，在全球化的大背景下，功能性所带来的价值已经不能满足人们的需求，随着眼界的开阔，人们期待更加具有美感与艺术性的设计物品。信息时代的设计脱离了工业时期的机械化与千篇一律的设计风格，转变为形式各异、缤纷复杂的多元化艺术风格。现代设计的包容性，使得民族的、传统的文化精髓融入现代设计中，这种设计是融合了传统元素的再创造，而非单纯的模仿。

审美水平与要求的提高，促使设计不断创新，以适应人们的审美需求。审美的多元化与设计的多元化是相辅相成的，审美多元化促使设计多元化发展，设计往多元化方向发展必然使得人们的审美更加多元化。审美的多元化不仅给设计带来了丰富的设计理念，也给新技术、新材料带来了更大的发展空间。

4.2.3　工业设计领域的多元化表现

进入信息时代以来，科技飞速发展，人们生活水平不断提高，人们对产品所蕴含的产品理念以及造型有了更多的要求。社会大环境决定了人们思想的开放，人们开始追求个性的张扬，对产品的艺术感有了更多的自我意识。另外，科技产品的种类繁多、层出不穷、更新速度之快，给产品设计的多元化发展提供了基础，新型产品不断问世，产品设计的创新周期也随之越来越短，具有更好性能的新产品不断取代旧产品，并且，由于科学技术与科技产品的全球化普及以及世界科技市场对产品设计的不同需求，产品的设计也是多元化的。

整个产品设计的发展是趋向多元化方向的，除了整体发展的多元化之外，在具体的材料、工艺、造型、色彩、功能、理念以及风格等方面都呈多元化发展趋势。

1. 设计材料的多元化

材料是实现设计的载体。人类从学会使用工具开始，就尝试用不同的材料制作不同的工具，并且会根据自己的设计所需去进行材料的生产。在人类使用材料进行设计与生产的历史长河中，材料是随着社会的发展越来越多样化的，特别是在科技发展迅速的今天，长久的历史积淀与现代科学技术带来的材料创新，使得现代设计在材料方面有着取之不尽的选择。由于现代设计思维的开放性，人们对设计产品材料的重视程度并不低于对设计本身的要求。材料的使用是设计师在进行设计活动时必须考虑的因素，是设计不可缺少的一部分。

设计师对材料的把握、选择与喜好都是不同的，科学技术的发展，带来了更多的新型材料，不同的材料有着不同的表现力。

现代设计师进行设计创作时，由于材料的多样性，在材料方面有着更多选择，能更加放开自己的设计思维，于是更多富有创意的个性设计最终得以实施，这与设计多元化的发展相辅相成。设计师利用不同的材料，设计制造出千变万化风格各异的产品，如竹制家具与陶瓷茶具（图4-8、图4-9），以满足人们多层次的需求，这正是设计多元化的一种体现。

图4-8 竹制家具

图 4-9　陶瓷茶具

2. 设计造型的多元化

设计除了要满足人们的功能需求外，还要满足人们的审美需要，因此不管是产品的设计还是平面设计或立体的设计，造型都是设计者首要考虑的因素之一。在现代艺术设计中，造型可以分为很多种：装饰造型、包装造型、形象造型等（图 4-10）。这里所说的造型多元化是指在整体艺术设计理念下的产品设计造型。

图 4-10　包装设计造型

造型是设计的框架，是整个设计的基础。人们对精神世界的追求体现在设计上，通过造物来展现，不同的时代、不同的民族所展现的内容不同，在审美上也千差万别。由于时代、地域、民族的不同，造物出现了多种多样的形式与风格，也就呈现了设计造型多元化的状态。

3. 设计色彩的多元化

设计师对色彩的运用带有强烈的情感色彩，相对来说，人们对于色彩也有各自的喜好，有的人喜欢暖色系的红黄，有的人喜欢冷色系的蓝紫，这些都是由人的情感因素所决定的。同时，色彩作为设计的基础部分，随着设计风格的不同也呈现出不同的风格。如在同一地区的不同时代，色彩也会有它自己的主题与流行趋势，因此不同的时代也有着不同的色彩主题；同样，在同一时代的不同地区、不同人群范围内，在不同产品、不同主题、不同理念的设计上，也有不同的色彩主题。例如，奥运会火炬设计在不同的承办国家具有不同的色彩主题。如图 4-11 所示，2008年北京奥运会火炬采用红色这种民族色彩作为主题色，模仿了纸卷轴；如图 4-12 所示，2012 年伦敦奥运会火炬则全身均为金色，首次融入火炬手的符号，首次顶部截面采用三角形的设计，整体

兼具运动气息和指挥棒般表演职能，像道闪电，充分体现了人文
的创新性；如图 4-13 所示，2016 年里约奥运会火炬的设计方
案主体为白色，上面绘有五条不同色彩的曲线，分别代表大地、
海洋、山脉、天空和太阳，同时还对应着巴西国旗的颜色，火炬
的整体外观轮廓也体现了"运动、创新与巴西风格"。

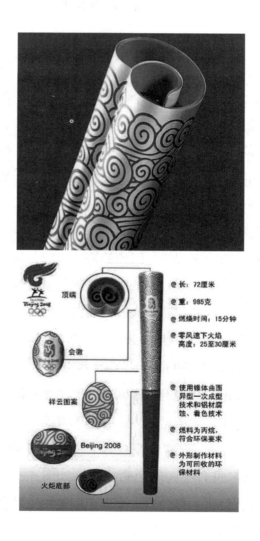

图 4-11　2008 年北京奥运会火炬

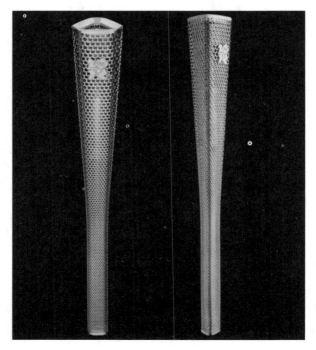

图 4-12　2012 年伦敦奥运会火炬

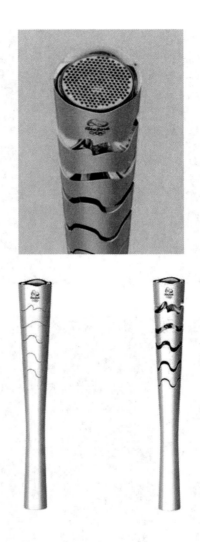

图 4-13　2016 年里约奥运会火炬

在信息时代，艺术设计在多元化的方向上飞速发展，设计对色彩的运用也变得多元化。从纵向上来说，人们在不同的时期对色彩的喜好不同；从横向上来说，现代社会设计是大众化的设计，大众对设计中色彩的不同要求也使得设计在色彩上出现多元化发展。如今，人们可以自由追求自己的精神世界，人们的思想开放了，设计的风格也就开放了，设计色彩自然也是多元化的。

4. 设计功能的多元化

功能是一件产品设计中要考虑的基本因素。设计者在考虑产品的审美特征的同时，还要考虑怎样使一件产品最大限度地发挥其功能，这点在工业设计中表现得最明显。在信息时代，对于一件功能性为主的产品，设计师在设计其外形时，要在不降低产品使用功能的基础上进行设计。

5. 设计风格及理念的多元化

设计多元化最主要的表现就是设计风格的多元化。每个设计作品都有自己独特的风格，设计风格是一个设计师艺术文化积淀、思维喜好以及所处社会背景的表现。

在设计发展历程中，设计风格跟当时的社会文化背景是紧密相连的。纵观世界设计历史，设计往往被冠以某某风格、某某流派的标签，人们对于那些在造型、色彩、思想内涵上相同或者相似的设计统一给一个代表其风格的名称。在世界设计史上，不管是同一时代或者不同时代、不同风格的设计，一般来说都是独立存在的，但是在信息化的现代社会，因为科技发展、人类思想解放、区域间交流增强等原因，只要是存在于人类历史中的有标签的设计风格，甚至没有标签的设计理念、自然元素、社会元素、理想概念等，都可以选取用在设计当中。设计师除了基于已有的理念进行融合创新形成新的设计理念，还会去创造新的设计理念。设计理念及风格伴随着设计整体向着多元化发展。

现代社会中流行的设计风格种类繁多，如追寻原始、洛可可、巴洛克等艺术元素的复古风，带有浓烈的民族色彩的民族风等。如图4-14所示，江诗丹顿巴布亚新几内亚面具，这款面具集兽形与拟人化的特征，来自Sepik河口地区，外形多样化，却都有一个既像鹰喙又像动物吸管般的长钩鼻。为了逼真再现面具的阳刚气息,江诗丹顿的制作团队专门采用了赤金为木质面具上漆。多种多样的设计风格极大丰富了人们的生活,满足了不同人群的精神需求。

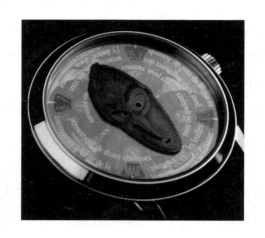

图 4-14   江诗丹顿面具腕表

设计多元化的迅猛发展,带来了设计的空前繁荣景象,但是这里面也存在一些问题。社会贫富差距的加大,商业化的社会生活,部分人的攀比心理以及虚荣心理促使了天价设计、奢侈品的产生。一些人盲目追求时尚，天价奢侈品满足了部分人的虚荣心，部分消费者为了"显示品味"而随波逐流，一些设计者为了利润而设计，盲目迎合消费者的心理而忽视了产品的设计理念及自身的设计风格。但作为历史发展的必然，设计多元化有着显而易见的积极作用。首先，多元化的设计有利于市场经济的发展。在市场经济一体化的信息时代，企业间市场竞争的手段除了管理、产品质量外，更重要的就是企业品牌与企业的设计理念。设计的多元化造就了一个多元化的产品市场，促进了市场企业的竞争。其次，多元化的设计提高了人们精神物质生活质量。设计的目的不仅仅是让企业适应市场需求，为企业带来利润，其最主要的目标是满足人们的需求，提升生活品质。设计的多元化发展，让人们接触到更多的设计理念、文化思想，在开阔视野的同时，使人们的思想境界得到提升与扩展。设计多元化的发展还带来了高水平的生活质量，多元化的设计以高品质的产品丰富了人们的物质生活，提高了生活质量，还给人们带来了愉悦的心情。

4.3
交互设计的发展前景

4.3.1　交互设计的现状

尽管设计师们普遍认为交互设计是比尔·莫格里奇于1984年在一次设计会议上提出，于1990年定名，但是谈到"交互设计"的起源，还是要追溯到1946年诞生的世界上第一台计算机ENIAC。当时为了使用计算机，人们必须去适应机器，采用机器语言进行操作；到了20世纪70年代，计算机的操作随着性能的不断提升而变得越来越复杂，出现了两个问题：一是计算机系统和不易理解的机器语言使操作者和计算机之间的交互极为困难；二是低效和枯燥的输入、输出方式使复杂的计算机操作十分乏味。从 20 世纪 90 年代开始，由于因特网的出现，计算机用户由专业工程师和科学家扩大为大量不具备专业背景的普通人群；计算机也由于微处理器的嵌入变成体积小、相对便捷的移动设备。因此，如何从人的角度去思考和运用计算机技术成为设计学科新的挑战，除了关注产品的功能与外观之外，在人与人之间借助带有计算机系统的移动设备所进行的交流与沟通，亟待开发一种新的设计手段予以解决，这就是"交互设计"。

目前，国外交互设计正在由计算机科学领域向有形的实体产品设计与开发领域渗透。美国麻省理工学院（MIT）、卡耐基梅隆大学（CMU）以及加拿大西蒙弗雷泽大学（SFU）等高校都在开展交互设计方面的相关研究，有的还设有交互设计方面的专业或研究方向，如卡耐基梅隆大学设计学院设有交互设计专业硕士学位。

交互设计中包括交互媒体设计，主要研究媒体创意与程序相结合的媒体设计艺术与技术，用各种新颖的交互方式取代单一的鼠标和键盘交互方式，使人们能充分感受到现代技术与艺术结合带来的感官冲击和体验。

将交互设计思想引入面向实体产品设计与开发的工业设计领域，在国外已经有多年的历史。作为国际知名的工业设计公司，IDEO 运用富含交互设计思想的情景故事法设计了大量的优秀产品。在理论研究方面，一些著名大学早已开设了相关的专业或研究方向，如瑞典查尔默斯技术大学、美国卡耐基梅隆大学、麻省理工学院、德国哈勒艺术和设计学院及英国诺丁汉特伦特大学等，在交互式产品设计方面都取得了较好的研究成果。

在国内，交互设计受限于计算机行业和设计行业的发展现状，软件界面的交互设计在 2000 年开始萌发，直到近年才摆脱可用性层次，开始关注用户体验。工业设计领域的交互设计研究更是在近几年才兴起，学术研究工作较少。可喜的是，交互设计越来越受到设计从业人员的重视。在理论研究方面，涌现出了大量的专业著作，如《体验与挑战：产品交互设计》一书，作者将交互设计的理论基础、系统结构、学科特点和设计过程结合实际案例进行了系统的介绍，并且提出了被广大设计人员采用的产品模糊综合评价方法。这一方法的提出，对交互设计的实际运用起到了巨大的推动作用。在实践方面，目前国内很多企业都设立了自己的交互设计中心，有针对界面设计领域的，如阿里巴巴、迅雷、网易和腾讯等互联网公司；也有针对工业设计领域的，如联想、美的、TCL 等传统行业巨头。

4.3.2　行业需求与发展前景

基于交互设计的理论基础，结合互联网技术，行业需求主要集中在以下几个方面。

1.UI 用户界面设计

UI 是 User Interface(用户界面) 的简称。从广义上来讲，UI 界面是人与机器进行交互的操作平台，即用户与机器相互传递信息的媒介，实际上就是人和机器之间的界面。以汽车为例，方向盘、仪表盘等都属于用户界面。界面设计的内容包括图形、文字、色彩、编排，还包括研究用户与界面之间的交互关系。界面设计需要定位使用者、使用环境和使用方式。UI 设计从工作内容上来说分为以下三个方向。

(1) 研究界面——图形设计师。国内目前大部分 UI 工作者都是从事这个职业，也有人称之为美工，但实际上其不是单纯意义上的美术工人，而是软件产品的外形设计师。这些设计师大多是美术院校毕业的，其中大部分有美术设计教育背景，例如产品外形设计、装潢设计、信息多媒体设计等。

(2) 研究人与界面的关系——交互设计师。在图形界面产生之前，UI 设计师就是指交互设计师。交互设计师的工作内容就是设计软件的操作流程、树状结构、软件的结构与操作规范等。一个软件产品在编码之前需要做的就是交互设计，并且确立交互模型、交互规范。

(3) 研究人——用户测试、研究工程师。任何产品为了保证质量都需要测试，软件的编码需要测试，UI 设计也需测试。这个测试和编码没有任何关系，主要是测试交互设计的合理性以及图形设计的美观性。测试方法一般采用焦点小组，用目标用户问卷的方式来衡量 UI 设计的合理性。这个职位很重要，如果没有这个职位，UI 设计的好坏只能凭借设计师的经验或者领导的审美来评判，就会给企业带来严重的风险。

综上所述，UI 设计师就是指软件图形设计师、交互设计师和用户研究工程师。

2.UE/UX 用户体验设计

UE or UX 是 User Experience(用户体验) 的简称，用户体验设计（也可称为 UXD、UED、XD)，是指通过提高产品的可用性、易用性以及人与产品交互过程中的愉悦程度，来提高用户满意度的过程。用户体验设计包括传统的人机交互（HCI)，并且延伸到解决所有与用户感受相关的问题，关注用户使用前、使用过程中、使用后的整体感受，包括行为、情感、成就等方面。

互联网企业中，一般将视觉界面设计、交互设计和前端设计都归为用户体验设计。但实际上，用户体验设计贯穿于整个产品设计流程。一名优秀的用户体验设计师（UED)，实际上需要对界面、交互和实现技术都有深入理解。国内的 UED 是阿里巴巴集团最新提出的称呼，也有其他一些企业将这个职业称为 CDC、CDU 等。用户体验设计师需要通过线框图或者原型设计来理清整个产品的"逻辑"。沟通是用户体验设计师必须掌握的另一项重要技能，在项目开工前，需要进行调研、竞品分析；项目上线以后对产品进行测试。用户体验设计师主要关心产品给用户带来的整体感受，如果用户觉得产品难用，他们就会选择其他的替代品；如果用户体验好，他们就有可能告知身边的朋友产品很棒。

3. 全链路设计岗位将取代服务设计岗位

互联网设计师的岗位名称和职责在不断发生变化。在互联网早期，生存问题是企业要解决的首要问题，对设计师的需求更多在于"能用"。而一个新兴行业在早期并没有多大的人才号召力，科班设计师所向往的企业多是 4A 广告公司，专业从业者非常有限，这就决定了互联网设计师需要承担全部类型的设计工作。之后随着工作细分领域增多，互联网设计师就被拆出 UI、ID、MD 等五花八门的岗位。随着行业拆分，设计师常常会出现这样的困惑：当将一个图标画得完美、能把页面跳转逻辑理顺时，我们解决了产品的什么问题？是哪个层次的问题？这对于项目来说到底起了多大作用？可见，此时设计师的价值不是自认的美学价值、体验价值，而是企业眼中的商业价值，故企业开始关注整合设计。

"全链路"是一个新名词。阿里巴巴设计师讨论指出，所谓"全链路"设计是一种关注产品全流程场景的设计思维，并非一个新的设计岗位名称。阿里巴巴的商业链路长、设计场景多，所以"全链路"是一个符合阿里巴巴商业诉求的设计要求。但实际上，只要是设计师，都应当具备"全链路"的设计思维。2017年，阿里巴巴提出将取消对 UI/ 交互岗位的招聘，代之以"全链路"设计，这一方面反映了企业对设计岗位的日趋重视，设计师有机会、有理由做得更多，对外创造更多商业价值，对内提升自身竞争力；另一方面也给设计师的未来指出了明确方向。

优秀的设计是融合了商业形态、用户形态，根据产品的外在环境和自身资源的内在环境做出的合适的设计。这也是"全链路"设计提法的主旨。

4.4
虚拟化产品设计

随着以信息技术为主导的现代科学技术的迅速发展，传统的制造业正在发生重大转变，产品设计也发展到了一个新的阶段，一种新的技术——虚拟设计技术开始进入设计领域。例如，科学可视化与生物医学工程 VR 系统，利用虚拟设计技术在国内首次针对典型手术开发成功的虚拟医疗系统，它们可以对各种各样的病例进行演练，甚至可以对基于某个病人的特点而形成的真实计算机三维人体模型进行演练，为医生给病人进行成功的手术提供了新的保障；模拟驾驶仿真训练系统集计算机技术、虚拟现实技术、自动化技术、多媒体技术为一体，使学员从视觉、听觉和操作感觉上都能体会到与操纵真车一样的感觉。这些虚拟设计技术正逐渐发展而趋于成熟。

4.4.1 虚拟设计的概念

虚拟设计是以虚拟现实技术为基础，借助以机械产品为对象的设计手段，通过多种传感器与多维的信息环境进行自然交互，从定性和定量综合集成环境中得到感性和理性的认识，从而帮助深化概念和萌发新意，即通过计算机创建一种虚拟环境，并通过视觉、听觉、触觉、味觉、嗅觉等多种传感设备的作用，使用户产生身临其境的感觉，并可实现用户与该环境的直接交互。虚拟技术以视觉形式反映了设计者的思想，如设计一个产品，设计师首先要做的就是对产品的外观、结构做细致的构思，然后通过绘制许多草图和工程图来表现设计师的思想，但是由于这都是一些专业化的程序，因此还必须制作出模型来与使用者进行沟通交流。而引入虚拟技术后，可以把这种构思变成看得见的虚拟物体和环境，使以往只能借助模型来交流的产品处于一种虚拟环境中，使用者可以自由与之沟通。

20 世纪 90 年代以前，产品设计师主要通过手绘方式表达产品，这使得设计师的设计思想产生一定的局限性，同时设计师无法很好地同别的设计师及时进行交流；20 世纪 90 年代以后，产品设计以计算机辅助设计为主要手段，设计师用计算机辅助绘画取代了传统的绘图，不仅节省了时间，提高了效率，而且便于设计师之间进行交流；然而，以上两个年代设计途径的主角还停留在设计师身上，而忽略了设计的真正意图，即为使用者服务。如何更好地为使用者服务呢？这就需要使用者真正参与到设计中去，用自己的切身体会来感知产品。虚拟技术的介入可以完全解决这个问题，它不需要制作实物模型，而是通过让使用者在某个虚拟环境中切身感受来做各方面的测试，直接让使用者评价产品，通过这种方法可以使设计师与使用者直接进行交流，从而取得产品设计的一次性成功。

4.4.2　虚似现实设计的实现方式

从虚拟设计技术的发展来看，现实的虚拟设计方式通常采用两种设计方式，一种是异地网络互动设计方式，另一种是基于虚拟现实系统的互动设计方式。

在异地网络互动设计方式中主要运用先进的网络、通信技术及其他计算机技术实现设计团队在地理分布的设计环境中进行产品设计，图 4-15 所示为异地网络互动虚拟设计方式。在网络环境中进行互动交流设计，可以在网络空间中开研讨会对产品进行分析讨论，对开发结果进行测评等，这样不仅可以提高设计的速度和效率，还可以为公司减少开支，有利于公司赢利。

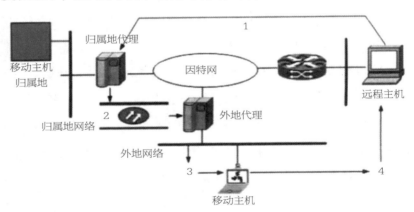

图 4-15　异地网络互动设计方式

基于虚拟现实系统的互动设计即使用者可以在虚拟环境中进行设计活动，这种设计活动不仅是在二维环境中进行建模设计，而且是直接进行三维设计，并在虚拟环境中感受产品。虚拟现实系统是用计算机产生的一个三维环境，使用者通过使用各种传感交互设备在虚拟环境中自由感知产品，就像现实生活中的环境一样，可以用触觉、听觉、视觉充分感受产品。现在计算机技术的发展为虚拟技术的应用提供了软硬件的强有力支持，三维声音系统的推出已在听觉方面向模拟真实声场迈进了一步，其逼真度比以往的立体声系统提高了许多，双向数据手套已从实验室走向市场，另外，成像系统和视觉系统也有了很大的改善，这些软硬件设备被引入虚拟现实系统后，使用者就可以使用各种交互设备自由地与产品进行交流互动。虚拟现实系统常用设备有：三维鼠标（也称鸟标）、数据手套、头盔显示器、立体声耳机等，如图 4-16 所示。图 4-17 所示为汽车 VR 虚拟驾驶展示，即汽车驾驶仿真，是利用现代高科技手段，如三维图像即时生成技术、汽车动力学仿真物理系统、大视野显示技术、六自由度运动平台等，让体验者在一个虚拟的驾驶环境中，感受到接近真实效果的视觉、听觉和体感的汽车驾驶体验。它能够真实模拟汽车驾驶的路景和汽车行驶特性，并能在主要性能上获得同实车驾驶同样的效果。

图 4-16　可穿戴行走虚拟现实系统

图 4-17　汽车 VR 虚拟驾驶展示

4.4.3　虚似技术产品设计的优势及发展

1. 提高设计效率

应用虚拟现实技术，将设计思维、设计方法、设计过程和设计成果这一顺序打乱，设计者通过建模，可以提前获得设计成果，再根据设计成果进行设计思维和设计过程的调整。例如，在环境艺术设计中，传统的做法是前期调研、设定设计目标，再通过纸质或者 CAD 等进行平面、3D 屏幕展示。而利用虚拟现实技术，通过与环境的结合，可直接呈现设计结果。如城市环境中文化广场的设计，可以融入城市其他元素，将广场设计完整形态融入周边环境，与城市整体风格搭配，通过融入式实景和声音进行展示。同时，在虚拟现实技术下，产品设计实现了人机交互的无障碍交流，对设计作品的优化和检验能够提前进行，避免了在广场建完后的再次环境评价，将问题提前解决，使设计更具效率。

2. 设计更为个性化

在传统设计中，单纯美学设计依靠设计师的天赋和对艺术设计的理解，限制了许多设计元素与时代的结合，现代设计风格同质化严重，很难突出个性化和时代性。而随着虚拟现实技术的应用，各种设计元素可以大胆参与到设计中，并且能够直观地展示出来，设计效果是否个性化，是否与设计师的初衷一致等，都可以利用虚拟现实技术获取答案。以室内艺术设计为例，设计师可以将中西方元素混搭进行个性化设计，并且能够进入虚拟房间内观察设计风格和细节；使用者也可以进入虚拟环境进行体验，提出设计想法，随时进行设计改动。

3. 能够为设计提供更多灵感

在设计领域，除了要有审美特征之外，功能性也不可忽视。虚拟现实技术能将设计思路和设计信息进行处理，为设计者提供计算机运算后的结果，这样天马行空的尝试能够为设计者提供更多的思路和灵感。以包装设计为例，包装图案、文字的审美价值能够直观阅读，而包装形式可以动手体验，以真实的感触进行再创造，可以设计出别出心裁的打开方式。这样的过程在设计中会应用得越来越广泛，设计形式也会越来越多。

4. 重视人的主体性

虚拟现实技术固然能够为设计带来划时代的创新，但其终究是工具，是设计的手段，不能取代设计本身。设计初衷、设计灵感还是需要人来把控，所以人的主体性是在信息时代下需要格外重视的问题。不能让人成为技术的奴隶，否则设计创造力和主观能动性将退化。

目前虚拟技术才刚刚起步，但它已经取得了可喜的进步。例如，波音777飞机的设计制造过程就是一个较为成功的范例，它利用虚拟现实技术进行各种条件下的模拟试飞，工程师们在工作站上实时采集和处理数据并及时解决设计问题，使得最终制造出来的波音777飞机与设计方案误差小于0.001英寸（1英寸

≈ 0.0254 米），保证了机身和机翼一次对接成功和飞机一次上天成功，整个设计制造周期从 8 年缩短到 5 年，如图 4-18 所示。美国福特汽车公司采用网络并行设计技术制造的新型 SS1 型赛车从开始设计到上道测试仅用了 9 个月时间，产品设计师运用虚拟现实软件可以看到虚拟汽车车门及发动机罩的铰接，可以设想在驾驶室的座位上来解决人机工程和视野问题。同时，动力系统的工程师借助更换一个虚拟机油滤清器来模拟发动机的维护。

图 4-18　波音 777 客机

　　各个国家已经开始认识到虚拟技术的巨大潜力并逐步开始大力发展虚拟技术。美国已经在虚拟制造的环境和虚拟现实技术、信息系统、仿真和控制、虚拟企业等方面进行了系统的研究和开发，多数单元技术已经进入实验和完善的阶段；欧洲以大学为中心也纷纷开展了虚拟制造技术研究，如虚拟车间、建模与仿真工程等的研究；我国在虚拟制造技术方面的研究多数是在原先的 CAD/CAE/CAM 和仿真技术等基础上进行的，目前主要集中在虚拟技术的理论研究和实施技术准备，系统的研究尚停留在对国外虚拟制造技术的消化和与国内环境的结合上。

目前，虚拟设计技术在产品方面还具有很大的发展空间，但由于计算机等硬件设备问题的原因，其还不能得到充分的应用。但是展望未来，它将是一种崭新的设计方式，利用虚拟设计技术将使产品设计发展到一个全新的高度。

总而言之，在虚拟现实技术下的设计，不论从设计思维还是设计形式都发生了变化，沉浸感、互动性、真实性等为设计提供了追求至臻的可能。当然，虚拟现实技术是为设计服务的工具，设计的主体仍是人，不可本末倒置。同时，虚拟现实技术在设计领域的应用尚处于探索和发展阶段，设计中更多的分支对如何应用这一新技术还在摸索。但不可否认的是，应用虚拟现实技术进行设计是大势所趋，更是设计发展变革的推动力。

第5章
产品设计案例

5.1
经典产品展示

5.1.1 人性化设计

在产品设计过程中，根据人的行为习惯、人体的生理结构、心理情况、人的思维方式等，在保证产品基本功能和性能的基础上，使人的生理需求和精神追求得到尊重和满足，是体现人文关怀、对人性尊重的一种设计理念。

案例1：桌面电扇，设计师为彼得·贝伦斯，设计时间为1908年。

当这个1908年的产物跨越世纪穿越到你的宿舍桌子上，你是不是有点震惊，就连外观都没有怎么改变的"宿舍神器"居然还是个古董。德国现代工业设计的重要奠基人彼得·贝伦斯在1908年设计了这款电扇（图5-1）。也许他从没想过，自己的设计在百年之后的今天，居然成为学生党们的大爱，在一个有空调的年代，可你依然需要这个，这是经典的力量。

图 5-1 桌面电扇

案例 2：瑞士军刀，设计师为卡尔·埃尔森纳（Carl Elsener），设计时间为 1891 年。

闻名世界的瑞士军刀在外观设计中采用了瑞士国旗的颜色，亮红色的刀身以及白色十字盾牌图案的商标给了它与以往刀具截然不同的醒目特征。今天的瑞士军刀已经有了几百种不同版本的设计，主打产品——"瑞士冠军型"军刀可以称得上真正意义上的工具组合，它除了主刀以外还包含拔木塞钻、木锯等众多功能部件。瑞士军刀凭借着简洁明快与丰富实用的设计风格而获得了极为广阔的国际市场。

　　瑞士军刀经过 100 多年的发展和创新，从家庭作坊发展成为跨国企业集团；从简单工艺制作发展成为技术含量高的精美工艺品；从单一的生活实用品发展成为文化含量高的艺术品、收藏品。这一切成就足以使瑞士军刀被载入工业设计史的经典名录（图5-2）。

图 5-2　瑞士军刀

5.1.2　绿色设计

　　在产品整个生命周期内，着重考虑产品环境属性（可拆卸性、可回收性、可维护性、可重复利用性等）并将其作为设计目标，在满足环境目标要求的同时，保证产品应有的功能、使用寿命、质量等要求。

绿色设计源于人们对现代技术所引起的环境及生态破坏的反思，体现了设计师社会责任心的回归。绿色设计涉及的领域非常广泛，在通信、交通工具、家用电器、家具等领域备受设计师的关注，是工业设计发展的主要方向之一。

案例1：电视机，设计师为菲利普·斯塔克，设计时间为1994年。

1994年，菲利普·斯塔克为法国沙巴公司设计的电视机，采用一种用可回收的高密度纤维模压成型的机壳，成为家电行业绿色设计的新视觉（图5-3）。

图5-3 电视机

案例2：瓦楞纸产品。

1.硬纸板吊灯

俄罗斯叶卡捷琳堡的产品设计师德米特里·利茨（Dmitry Litz）设计了一系列硬纸板吊灯，一共三款，每款吊灯的灯罩都为圆筒形，但上面的花纹有所不同，分别为Z字形、棋盘格，以及螺纹形式（图5-4）。

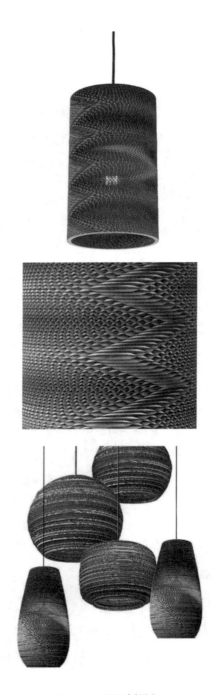

图 5-4　硬纸板吊灯

2. 灵感源于沃尔沃 C30 车灯的组合家具

墨西哥产品设计师路易斯·卢纳（Luis Luna）的 C30 组合家具灵感源于沃尔沃 C30 的后车灯，包括一把椅子、一个脚踏（兼具杂志架功能）、一个茶几，用多层瓦楞纸切割而成，拆卸、组合都非常方便，节省空间（图 5-5）。

图 5-5　灵感来源沃尔沃 C30 车灯的组合家具

5.1.3　可持续设计

构建及开发一种可持续解决方案的策略设计，需要考虑经济、环境和社会问题，以再思考的设计引导和满足消费需求，维持需求的持续满足。

案例 1：拉链男士"裤门看守者"，设计师为伊莱亚斯·豪（Elias Howe），设计时间为 1851 年。

拉链又称拉锁，是一个可重复拉合、拉开的由两条柔性的可互相啮合的连接件。目前拉链的使用领域几乎涉及所有的服装和用品，已成为当今世界上重要的服装辅料。

从 1851 年美国人伊莱亚斯·豪申请了一项名叫"可持续、自动式扣衣工具"专利开始，拉链最终占领服装市场的时间是 20 世纪 30 年代，整整经历了近 80 年之久。当时，服装界掀起了一场童装竞赛，最终脱颖而出的是带有拉链的童装，因为人们相信，拉链服装能提高儿童的自信心和自主能力。

借助时装设计师的推动，拉链在 1937 年又有了一个新身份——男士"裤门看守者"。如今拉链已经随处可见，据 20 世纪 30 年代的统计资料，全球每年生产的拉链数高达 6 亿条以上（图 5-6）。

图 5-6　拉链

案例 2 : D-TWELVE 灯具，设计师为 Plato Design 设计团队，设计时间为 2016 年。

由 Plato Design 设计团队设计的 D-TWELVE 灯具（图 5-7），每个模块均是 12 面体，其中 3 面带有磁铁，使用时将彼此的磁铁面相连，并且只需其中一盏接入电源即可，你可以选择 1 ~ 7 个形状任意进行组合。

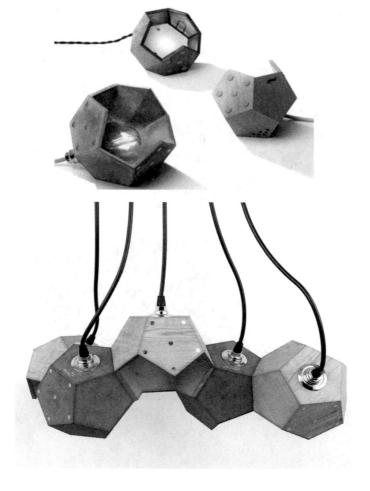

图 5-7　D-TWELVE 灯具

案例3：多功能办公桌，设计师为弗朗索瓦·德朗萨尔（Francois Dransart），设计时间为 2013 年。

法国家具设计师弗朗索瓦·德朗萨尔设计的一款模块化多功能办公桌（图 5-8）根据功能不同将电子产品和办公用品等进行分类，这款桌子分为桌子、存储盒、电源线管理、照明等几个功能单元，使用者可以根据自己的需求来添加所需的模块。由于采用了模块化设计，使用者可以灵活选择。

图 5-8　多功能办公桌

案例4：Tripp Trapp 成长椅，设计师为彼得·奥普斯维克（Peter Opsvik），设计时间为 1972 年。

　　Tripp Trapp 由设计师彼得·奥普斯维克于 1972 年创造，在那个年代，这属于前所未有的设计，至今仍然广受欢迎。设计灵感来自他的小儿子托尔（Tor），那时托尔刚刚长高，坐小时候的餐椅太小，坐成人座椅双腿悬空也难以够到桌面，每次在餐桌前总要努力寻找一个合适的位置。这把椅子可以让 0~15 岁的孩子使用，是一把和孩子一起成长的椅子，尽量延长产品的使用周期，做到物尽所用。这是经典之作（图 5-9）。

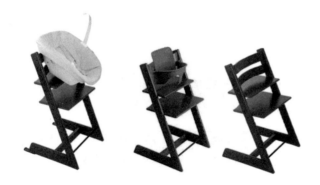

图 5-9　Tripp Trapp 成长椅

5.1.4　情感设计

在现代工业设计中，"情感化"设计是将情感因素融入产品中，使产品具有人的情感。它通过造型、色彩、材质等各种设计元素渗透着人的情感体验和心理感受。这源于随着生活水平的提高，消费者都希望自己购买的产品不仅好用，而且使用起来还要愉悦或能彰显自己的身份地位。令人愉悦的产品表现在：生理感官形态的愉悦、心理认知形态的愉悦、社交形态的愉悦和意识形态的愉悦。在产品设计中全面灌注"以人为本"的设计精神，提高产品的亲和力，给人们带来更多轻松快乐、幽默新奇的心理感受和情感体验。

案例 1：ANNA G. 红酒开瓶器，设计师为亚历山德罗·门迪罗，设计时间为 1994 年。

ANNA G. 红酒开瓶器诞生于 1994 年，设计大师门迪罗为 Alessi（阿莱西）设计的，门迪罗自称"我称不上了解东方文化，与其说我对东方文化感兴趣，不如说我只是对未知事物有着很强的好奇心。我很喜欢听中国的音乐，经常一边听着音乐，一边进行'坐禅'式的冥想"。子曰：君子不器。意思是：君子不能像器具那样，作用仅限于某一方面。在 Alessandro Mendini 的设计理念中，"不器"这个理念贯彻始终，他设计的所有生活中的用具，已经不仅仅是"器具"，而是试图展现他追求的"如诗般的生活"的设计理念。门迪罗认为设计师是通过设计活动与设计对象进行精神对话，并赋予设计对象以生命的炼金师。Alessi Anna G. 的设计据说是门迪罗看到女朋友伸懒腰的模样而产生灵感，仿照性感女星玛丽莲·梦露的模样设计而成的（图5-10）。

图 5-10　ANNA G. 红酒开瓶器

案例 2："音乐创可贴"播放器，设计师为 Chih-Wei Wang 和 Shou-His Fu，设计时间为 2010 年。

这款新型 MP3 叫作"音乐创可贴"播放器，它是由工业产品设计师 Chih-Wei Wang 和 Shou-His Fu 设计发明的。和现有的苹果播放器系列 iPod Shuffle 和 iPod Nano 不同的是，"音乐创可贴"不需要夹在衣服上或是塞进口袋里。它可以像邦迪创可贴一样直接粘在皮肤上。但和邦迪不同的是，即使反复揭下粘贴上百次，这款迷你 MP3 播放器也不会丧失其黏着力。它小巧轻薄，尺寸和真实的创可贴几乎一样，使用非常简单，只需按下中间的开关，便可轻松地播放音乐。它可以牢固地、随意地贴在皮肤的任何位置，比如跑步时贴在手臂上，让音乐陪伴自己一起运动（图 5-11）。

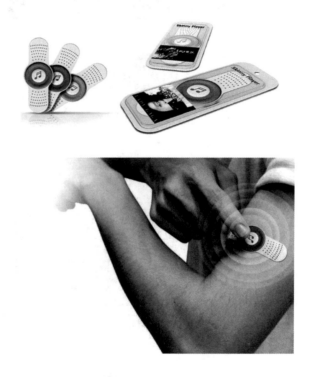

图 5-11　"音乐创可贴"播放器

案例 3：可口可乐经典玻璃瓶，设计师为迪安（Earl R. Dean）；设计时间为 1915 年。

可口可乐经典玻璃瓶（contour bottle）是由迪安于 1915 年设计的，当时可口可乐寻找一种可以区分其他饮料瓶的瓶子，并且无论白天还是晚上，甚至是打破了也能识别出，为此他们举办了比赛。Root Glass 公司参与其中（迪安是 Root Glass 公司的瓶子设计师以及模具管理员），他们开始想以这种饮料的两种成分作为出发点，可可叶和可乐豆，但不知道它们长什么样，然后在图书馆看到《大英百科全书》中一幅可可豆豆荚的图片，并以此为灵感设计出了这个经典的瓶子（图5-12）。

图 5-12　可口可乐经典玻璃瓶

5.1.5　无障碍设计

　　无障碍设计强调在科学技术高度发展的现代社会，一切有关人类衣食住行的公共空间环境以及各类建筑设施、设备的规划设计，都必须充分考虑具有不同程度生理伤残缺陷者和正常活动能力衰退者（如残疾人、老年人）的使用需求，配备能够应答、满足这些需求的服务功能与装置，营造一个充满爱与关怀、切实保障人类安全、方便舒适的现代生活环境。最早的设计理念的兴起源于20世纪50年代美国牧师马丁·路德·金的黑人民权运动，这一运动的爆发更加促使和影响了之后通用设计对残障人士的关怀与重视。

案例1：TopChair-S电动轮椅，设计师为法国某公司。

轮椅的构造问题，导致大多数使用轮椅人士在上楼时需要依靠别人的外力来推动轮椅才能前进。为帮助老年人或伤残人士解决这个困扰，目前法国一家电动轮椅公司设计了一款ToPChair-S电动轮椅，使行动不便的老年人和残疾人无障碍地独立出行，能够安全自由地上下楼梯或越过其他障碍物（图5-13）。

图5-13　TopChair-S电动轮椅

案例2：Pill Time 药丸管理装置，设计师为 Vincent Berkeley Chen。

Pill Time 是专为帮助老年人管理药丸而设计的一个装置，老年人常常忘记服药、要不就记不住服药的时间，这个设计美观的药瓶可以成为他们的用药助理，可以提醒他们什么时候该服药了，并且可以将各种药物分类，方便取服（图5-14）。

图 5-14　Pill Time 药丸管理装置

案例3：便携式可加热饭盒，设计师为 Liew Ann Lee。

Liew Ann Lee 设计的便携式可加热饭盒，包含有烹饪加热器和两个便当盒，采用磁感应加热器加热食物，不用插上电源就可以方便使用，省却了没有微波的烦恼，如图5-15 所示。

图 5-15　便携式可加热饭盒

5.2

优秀作品设计赏析

5.2.1　电子产品设计欣赏

电子产品的优秀设计作品层出不穷，现列举一部分以供欣赏（图5-16～图5-18）。

图5-16　IDEO设计的移动电源和无人驾驶汽车

（a）Nokia设计的C7　　　　（b）Apple设计的智能手表

图5-17　Nokia和Apple的设计产品

图 5-18 LG 设计师设计的 LG L1740P

图 5-19 SONY 手摇式收音机 ICF-B88

图 5-20　电子烟设计

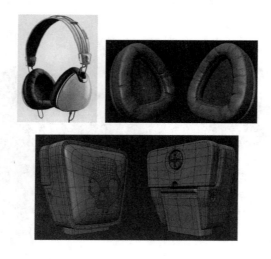

图 5-21　耳机产品设计

图 5-22　冲牙器

图 5-23　便携性电源系统

设计师：德鲁·约翰逊（Drew Johnson）

图 5-24　陶瓷锥形扬声器

设计师：Broberg & Ridderstrale

图 5-25　摇滚 PC

设计师：钱德拉（Prashant Chandra）

图 5-26　手持扫描仪

（a）　　　　　　　　　　　　　　　（b）

图 5-27　ozaki 设计产品

（a）音箱；（b）带支架的手机保护壳

图 5-28　点压穴位仪

5.2.2　家居设计欣赏

撷取一些优秀家居设计以供欣赏（图 5-29 ～图 5-41）。

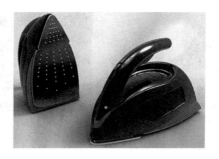

图 5-29　Choi Hyemin 设计的电熨斗

（a）

（b）

图 5-30　沙发椅

（a）1923 年格罗皮乌斯设计；

（b）1929—1930 年密斯设计的布尔诺椅

（a）

（b）

图5-31 灯设计产品

（a）丹麦设计师汉宁森设计的PH灯具；（b）瑞士设计师托马斯·克拉尔（Tomáš Král）创建的兵马俑灯

图5-32 外星人榨汁机

设计师：菲利普·斯塔克

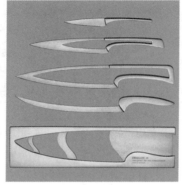

图 5-33 一体成型组合刀具设计

设计师：Mia Schmallenbach

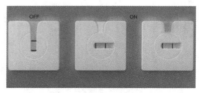

图 5-34 安全开关插座

图 5-35 创意案板

图 5-36 泡茶盒

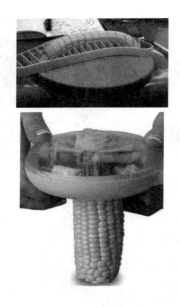

图 5-37　创意工具

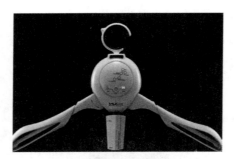

图 5-38　衣架形状智能干洗器

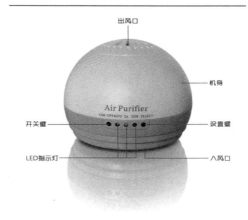

图 5-39 智能负离子净化器

图 5-40 vessyl 智能水杯

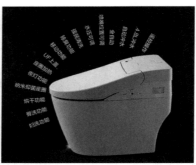

图 5-41　智能马桶

5.2.3　家电设计欣赏

列举部分优秀家电设计以供欣赏（图 5-42 ～图 5-47）。

图 5-42　无绳吸尘器

设计师：詹姆斯·戴森（James Dyson）

图 5-43 智能扫地机器人

图 5-44　立体便携式电饭煲

图 5-45　智能多温电冰箱

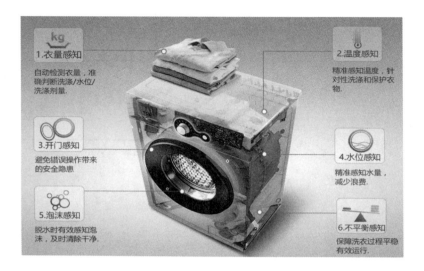

图 5-46　智能洗衣机

图 5-47　智能电视

参考文献

[1] 坂井直树.设计的图谋 [M].赖惠玲,译.济南:山东人民出版社,2010.

[2] 威廉·立德威尔,克里蒂娜·霍顿,吉尔·巴特勒.设计的法则 [M].李婵,译.沈阳:辽宁科学技术出版社,2010.

[3] 林桂岚.散步中的设计 [M].北京:中国青年出版社,2011.

[4] 刘新.好设计·好商品——工业设计评价 [M].北京:中国建筑工业出版社,2011.

[5] 谢里尔·丹格·卡伦,莉萨·L.西尔,莉萨·希其.小手册大创意:推广设计案例分析 [M].刘爽,钟晓南,译.北京:中国青年出版社,2008.

[6] 佘玉亮,陈震邦.产品设计与实现——工业设计实例解析 [M].北京:机械工业出版社,2008.

[7] 王效杰.工业设计——趋势与策略 [M].北京:中国轻工业出版社,2009.

[8] 孙宁娜,董佳丽.仿生设计 [M].长沙:湖南大学出版社,2010.

[9] 韩然,吕晓萌.说物:产品设计之前 [M].合肥:安徽美术出版社,2010.

[10] 张萍.工业产品造型设计 [M].北京:机械工业出版社,2017.

[11] 陈震邦.工业产品造型设计 [M].3 版.北京：机械工业出版社，
2014.

[12] 郭永芳，陈俊强.工业设计发展趋势和就业前景 [J].西部皮革，
2019，41（6）：51.

[13] 翟朝霞，金国华，刘剑桥.《微机原理与应用》课程教学体系研究
与改革 [J].科技风，2019（6）：11.

[14] 肖洁，洪连环，方平.基于 Proteus 仿真的《微机原理及应用》实
验教学改革与实践 [J].软件，2019，40（2）：59-62.

[15] 李注鹏，王志航.人机交互设计在工业设计中的应用分析 [J].花炮
科技与市场，2019（1）：194.

[16] 李洋.产品设计程序与方法 [M].重庆：西南师范大学出版社，
2019.

[17] 刘震元.产品设计程序与方法 [M].北京：中国轻工业出版社，
2018.

[18] 王俊涛，肖慧.产品设计程序与方法 [M].北京：中国铁道出版社，
2015.

[19] 张忠浩.智能变形设计方法及其在运动模拟器设计中的应用研究
[D].成都：电子科技大学，2017.

[20] 许永生.产品造型设计中仿生因素的研究 [D].成都：西南交通大学，
2016.

[21] 倪晓琳.仿生理念在家用产品设计中的应用与研究 [D].济南：齐鲁
工业大学，2015.

[22] 施张灵东.基于交互特征的产品识别设计方法研究 [D].南京：南京
航空航天大学，2019.

[23] 崔思佳.老年人智能可穿戴产品设计研究 [D].西安：西安工程大学，
2019.

[24] 刘文嘉.厨具产品分析及设计研究 [D].西安：西安理工大学，
2019.

[25] 郑路，佟璐琰，陈群.产品设计程序与方法 [M].石家庄：河北美
术出版社，2018.

[26] 张艳平，付治国. 产品设计程序与方法 [M]. 北京：北京理工大学出版社，2018.

[27] 吴国强. 智能家电产品设计评价体系研究 [D]. 绵阳：西南科技大学，2018.

[28] 汪晓光. 基于人机工程学的婴儿车安全性研究 [D]. 长春：长春工业大学，2018.

[29] 周超. 工业设计产业与制造业互动融合研究 [D]. 浙江：浙江工业大学，2018.

[30] 靳剑桥. 鼎造型在工业产品设计中的应用方法研究 [D]. 长春：吉林大学，2019.

[31] 付治国，宋明亮，张艳平. 产品模型制作 [M]. 北京：北京理工大学出版社，2018.

[32] 谢大康. 产品模型制作 [M]. 北京：化学工业出版社，2019.

[33] 王坤茜. 产品设计方法学 [M]. 长沙：湖南大学出版社，2015.

[34] 刘九庆，杨洪泽. 工业设计程序与方法 [M]. 哈尔滨：东北林业大学出版社，2016.

[35] 杨波. 基于人机工程学理论的家居产品设计研究 [D]. 武汉：湖北工业大学，2018.

[36] 王国锋. 基于人机工程学的某乘用车布置设计 [D]. 沈阳：沈阳工业大，2018.

[37] 钱月建. 基于人机工程学的螺旋榨汁机设计 [D]. 天津：天津科技大学，2018.

[38] 田李莹. 基于人机工程学的办公桌椅设计与研究 [D]. 洛阳：河南科技大学，2018.

[39] 梁文静. 基于安全人机工程学的激光切割机人机系统设计 [D]. 哈尔滨：哈尔滨理工大学，2018.

[40] 刘博. 基于 VR 技术对产品交互设计研究 [D]. 沈阳：沈阳建筑大学，2018.

[41] 王石峰，王森，张春雷. 工业产品造型设计 [M]. 哈尔滨：东北林业大学出版社，2016.

[42] 格哈德·霍伊夫勒（Gerhard Heufler）. 工业产品造型设计 2[M]. 北京：中国青年出版社，2015.

[43] 杜淑幸. 产品造型设计材料与工艺 [M]. 西安：西安电子科技大学出版社，2016.

[44] 刘文嘉. 厨具产品分析及设计研究 [D]. 西安：西安理工大学，2019.

[45] 李文浩. 基于情感需求的太空自行车造型设计研究 [D]. 太原：太原理工大学，2019.

[46] 刘怡麟. 面向跨文化融合的产品意象造型设计方法研究 [D]. 兰州：兰州理工大学，2019.

[47] 郭颖寰，曾勇. 基于产品系统设计理论的雕刻机电控柜造型设计研究 [J]. 科学技术创新，2019（32）：19-20.

[48] 朱旭锋，林关成，廖俊杰，等. 基于 3D 打印的船舶清洗机器人造型设计与实践 [J]. 信息与电脑（理论版），2019，31（19）：120-122.

[49] 李伟湛，杨先英. 基于模块化功能分解的大型复杂构造产品造型设计方法 [J]. 包装工程，2019，40（16）：134-139.